U0855211

愿你够努力，
爱得起
等得到

谢可慧
著

山东文艺出版社

图书在版编目（CIP）数据

愿你够努力，爱得起 等得到/谢可慧著. — 济南：
山东文艺出版社，2017.1
ISBN 978-7-5329-5394-3
Ⅰ.①愿… Ⅱ.①谢… Ⅲ.①女性—成功心理—
通俗读物 Ⅳ.①B848.4-49
中国版本图书馆 CIP 数据核字（2017）第 001397 号

愿你够努力，爱得起 等得到

谢可慧 著

主管部门 山东出版传媒股份有限公司
出版发行 山东文艺出版社
社　　址 山东省济南市英雄山路 189 号
邮　　编 250002
网　　址 www.sdwypress.com

读者服务 0531-82098776（总编室）
0531-82098775（市场营销部）
电子邮箱 sdwy@sdpress.com.cn

印　　刷 三河市兴达印务有限公司
开　　本 900mm × 1270mm　1/32
印　　张 8
字　　数 180 千
版　　次 2017 年 1 月第 1 版
印　　次 2017 年 1 月第 1 次印刷
书　　号 ISBN 978-7-5329-5394-3
定　　价 35.00 元

版权专有，侵权必究。如有图书质量问题，请与出版社联系调换。

面包和尊严你自己挣，喜欢的东西自己能买，
你才能与最好的爱情相遇。

目 录

* 第二章 *

爱是按需供给，又有回应

* 第三章 *

我们谋生亦谋爱

* 第四章 *

谁的人生不是伴着爱恨纠葛？

* 第五章 *

能安之若素，才能配得上世间繁华

* 第六章 *

我愿你所有的坚持都是为了自己

* 第一章 *

你敢不敢只因爱情而嫁给一个人

美人会迟暮，青春会流逝，可爱情永远都是可遇不可求的事。

请等待那个对你生命有特殊意义的人

爱错并不可悲，从未爱过才可悲，对于女人来说，这比夺走她的青春还要让她不能接受。

昨天，我接到了S的电话，她说有个问题想问我，约我出来见个面。

我见到她时，她手里正摇着喝了一半的咖啡，桌子上是另一杯，喝完还未收拾，旁边放着一些零散的糕点。显然，这里有人刚刚离开。

“又相亲了？”我很自然地问了这个问题，因为她常常如此。

她沉默了一会儿，突然抬起头，望着我说：“你觉得我是不是要求太高了，所以，我到现在还单着？”

我也沉默了，不知道怎么回答。

在我眼中，S一直是一个人生顺利到让人艳羡的姑娘，具有先天优势。她长得高且美，还透露着一丝洋气。她不光人聪明，运气也很好，从重点初中一路考到重点大学，在班里永远是毫无争议的前三名，毕业那年顺利考进了体制内，躲过了拥挤的“工作潮”。在人群中，她永远是昂着头走路的那个，而我，常常要用一种仰望的姿态看她。

这是我第一次看到S的眼神中流露出妥协，而且浑身弥漫着不自信。与她聊天的过程中我发现，她在不断地否定自己，内心充满了对过去的自责和愧疚。她说，她只是想找一个条件匹配且看着还算顺眼的人，为什么就那么难呢？

我依然只能沉默。

是的，她今年三十二岁了，六年以来她一直在相亲。长路漫漫，人海茫茫，我也期望她能早日找到归宿。可那时我还是咬了咬牙说：“都到了这年纪，不如再等等，毕竟婚姻是一辈子的事。”

我觉得我说这话的时候，特别像一个白发苍苍的长者。可我是真心的，说的都是肺腑之言。

从古到今，无论历史和文化如何变迁，婚恋观念如何转变，相亲这个模式始终没有被废弃。区别仅在于，以前的相亲目的明确，就是为了结婚，且自然而然；现在的相亲虽然也是为了结婚，但人们却从不把结婚挂在嘴上，总是明里暗里地用了许多别的词语来替代，比如“先接触接触，先了解了解”。

年龄问题在中国人的心里始终是道不可跨越的坎。

随着年龄的增长，你越来越明白自己想要的是什么，目标也变得越来越明确，但很遗憾，你的筹码却日益渐少了，这就是社会进步到这个程度，仍然存在相亲这件事的原因。年龄压垮了太多人。

二十五岁那年，我经历了很长一段时间的魔鬼式的“相亲”。

相亲的人大多都是被逼无奈。你是逼不得已去相亲，父母也是逼不得已让你去相亲。

许多人从大学毕业那天起，就开始陷入一种困境——寻找未来的另一半。你会发现，从初中到大学父母再三叮嘱的“不要在学校里谈恋爱”的话，在你离开校园的那一刻，突然失效了。他们恨不得你立刻就有了另一半，最好还是门当户对的，而且是他们中意的，然后你们赶紧结婚生子，好让他们走入人生的下一个阶段——做爷爷奶奶、外公外婆。

这种阶段式、目标式的生活节律，是他们一代代继承过来的，并希望在你身上延续下去。

相亲，彼此早已知根知底，就算碰到个不靠谱的介绍者，你和对方的条件也不会相差太多。然而问题来了，你想要**找一个顺眼的，这个好像格外难。**

我每次相亲都很失败，我都忘了自己曾去过多少个地方，见了多少个人，相了多少次亲，但我唯一能记得的是，那段时间母亲每隔一天就会向我说起一个陌生男人的名字，之后介绍他的身高、工作、家庭，以及他父母的工作。

每次相亲失败，母亲都会问我，对方哪里不好。我只有一个理由："没眼缘。"她生气地说："眼缘是什么？差不多就行了。"我说："就是感觉那不是能和我过一辈子的人。"母亲叹气："你到底想怎样，'剩'到三十岁吗？那时就轮到人家挑你了。"

这才是她的真心话吧，怕我成为剩女，所以着急。

父母着急是因为他们对婚姻生活有着自己的认识。他们普遍是通过相亲结识彼此，进而走向婚姻，然后再安安稳稳地过渡到他们接下来的生活中，从此日子再无波澜。所以，他们并不能理解我们所说的眼缘。

我只是希望将来躺在枕边的那个人，能够让我在半睡半醒中窝在他的臂膀下，看着他的面容，然后会心一笑，而不是同床异梦，貌合神离。这与外貌无关，只与那一眼的感觉有关。

每次说到这个话题，我都会想起一句话：**“人一辈子也无法心心相印，他们孤独得只剩下肉体和金钱的交换了。所以，请等待那个对你生命有特殊意义的人。”**

这句话出自三毛，我特别喜欢。

我身边离婚的人很多，一半都是因为相亲时过于着急，结婚时又过于草率造成的。随着年龄的增长，压力也越来越大，于是得找到一个能凑合着过日子的人，匆匆忙忙订婚摆喜宴，进而步入婚姻的殿堂。直到后来，他们才渐渐地发现，当时是被年龄压垮了，被周围人的言论压垮了，一时冲动才结的婚，待清醒过来，不是闹着离婚，就是纠结着要不要离婚。

我听过一句最心酸的话是：离了婚再找就成了二婚，不结婚熬到这个年纪好歹还是黄花大闺女，放在婚姻市场里也比二婚的趾高气扬。

是，**爱错并不可悲，从未爱过才可悲，对于女人来说，这比夺走她的青春还要让她不能接受。**

剩女并不是什么可悲的词。因为她首先是一个女人，而关乎年龄的事，有些人在乎，有些人未必。

美人会迟暮，青春会流逝，可爱情永远都是可遇不可求的事。

过了那么多年，走了那么多路，遇上那么多人。一个人也好，两个人也罢，至少生活是需要舒心和快乐的，爱人是可以相依相偎的。我从不劝慰周围那些在别人眼中俨然已是“剩斗士”的姑娘去随意找一个人过一生。

每个年纪都自有它的安排，你不必为了早日交差而饥不择食般地去相亲。因为，**是你的，他随时会到；不是你的，就算在你**

身边，迟早也会离开。

所以，他来也好，不来也罢，你只需站在那里，打扮好自己，珍藏好内心，保存好笑容，守候好温暖，在日升日落间好好吃饭、好好工作、好好睡觉，然后呢，**等着！重逢，最好；不来，就当是命中注定。**

“杀了”心里的那个前任

我用一辈子赌，你怎么舍得让我输！我用一辈子和你在一起，你为何舍不得“杀了”心里的那个前任！

男女之爱，要么在一起，要么分得彻底。

一旦分开，记得掩埋、树碑、做冢，然后永不挖开；如果实在想念，可以上一炷香，叩拜一下，如此即可。

最近，不断有人在后台给我发讯息，凡是关于婚姻的，总有一个绕不开的话题：我在婚姻里，时常会想起我的前任，我不知道自己在这平淡又无味的婚姻中还能够坚持多久，我想去找他（她）。

我很想对他们说“生活要向前看”“要珍惜眼前人”之类的心灵鸡汤。人的一生中难免会有一两个前任，包括那些号称人生中只谈了一次恋爱就结婚的男男女女们，谁不在年轻的时候有过几次刻骨铭心的爱恋，不过是有人公之于众，有人暗藏心底罢了。

很多时候舍不得和不甘心很相似，让人难以分辨。等你变得比他（她）更优秀，你就会明白，你的不甘心是因为丢失了一个潜力股，还是真的舍不得那个人。但如果你已经结婚，我只想告诉你：**“杀了”心里的那个前任。**

我的好友H是2014年年初结婚的。马年赶上结婚的高峰期，酒店的名额紧张到极点，那种你争我抢的场面绝对可以用“血雨腥风”来形容。

不知道该说很巧还是很不巧，她那位久未联系的前男友刚好和她在同一天举行婚礼，而举办婚礼的酒店也刚好和她订的是同一家。

那天，他们面对面地站在酒店门口迎亲，她穿着白色的婚纱，他穿着西装，可挽着对方手臂的那个人已然不是自己。

这个桥段好像经常出现在电影里：曾经相爱的两个人又见面了，只是这一次彼此却成为对方幸福的见证者。接下来电影剧情会到达高潮，比如，两个人在洗手间相拥而泣，有的甚至会带上对方逃婚。但在现实中，没有任何浪漫和悲情的成分。除了初见时的惊诧，后面什么也没发生，他们在各自的婚礼上敬自己的酒，成自己的亲，双方并无任何瓜葛。

我问H：“过了那么多年，再见会尴尬吗？”

H说：**“尴尬是还爱着对方时才会有的感觉，不爱了，尴尬又从何说起呢？”**

很多年前，有一个网友在网上寻找自己久未联系的初恋情人，他在论坛里信誓旦旦地写道：只是想和她保持联系而已，并没有图谋不轨。

有一个人这样回复他：如果你是单身，我愿意尽自己的绵薄之力帮你找她；如果你结婚了，我也会尽我的绵薄之力帮你老婆打你。

我不认为男女之间没有纯洁的友谊，就像我从不认为曾经相爱的两个人分手非得反目成仇不可，但我唾弃那些表面对婚姻忠贞不渝，内心却恨不得螃蟹豆腐一把抓的男男女女。

两个人同床异梦，比一点情面也不留地分手要残忍一百倍。后者不过是一枪毙命，痛苦只是一刹那的事，从此了断情根，转身再去追寻；前者就像温水煮青蛙，彼此在不知不觉中慢慢耗尽感情，直到筋疲力尽，完全决裂。

从某种意义上来说，一个忠诚的伴侣比所谓的金钱、能力、浪漫重要百倍。

一个人心猿意马，对你念念不忘，就算你们复合，你也会随时感到不安。你应该清楚地认识到，他怎样对待别人，日后就有可能怎样对你。你从前任又变成了现任，而他的那个前任从此便成了你俩关系中最危险的人物。

有一天，朋友问我要我前男友的电话。我的前男友后来成为生意人，并且生意做得风生水起，我的朋友想和他谈谈生意。我说："没有。"他以为我在说谎，好说歹说，一直纠缠。

“我为什么要有他的电话？” 我突然反问他。

“因为你是他前女友啊！”

“……”

我不知道这是什么道理，听起来还挺理直气壮，但根本经不起推敲。

我很无奈地说：“你也说了，我是他前女友，但我现在是别人的老婆啊。”

二十几岁的年纪，看到电影、电视剧里的男女主人公回忆起前任时总是哭到泪流满面，自己在屏幕前也随之体验着肝肠寸断的感觉。他们的现任在大多数观众的眼里，几乎被看成是永远绕不开的绊脚石。剧情千回百转，主人公与前任经历过各种分分合合之后，最终如愿以偿地走在一起，于是，总算有了一种众望所归的圆满。

可你回到现实世界中再看，就会觉得，在婚姻里，那些为前任哭、为前任笑的事，简直是太不值。毕竟，现任才是你的伴侣，用一句流传很广的话说：**我用一辈子赌，你怎么舍得让我**

输！我用一辈子和你在一起，你为何舍不得“杀了”心里的那个前任！

“杀了”心里的那个前任吧！因为现在比从前更重要，眼前的一切才是最好的安排！

感情的般配才是真正的门当户对

说到底，婚姻活的是一种心态，活的是一种情感，活的也是一种自我选择。

我有一位表叔，二十多年前娶了一位城市姑娘。这在我的老家，是一件特别罕见的事。那些年，农村人拼命地往城里钻，碰到这样一个为了爱情而奋不顾身执意要往农村走的姑娘，也是让人跌破了眼镜。

而且，这偏偏出现在我们家。庆幸的是，那位姑娘的家人并没有说什么，还带了一大堆的嫁妆送她到农村，他们一边帮着忙活亲事，一边还得应付着一堆人的不解：好好一个姑娘怎么嫁到了乡下？真是下嫁了！

奶奶说，其实他们当时也觉得过意不去，所以，对这个媳妇是又惋惜又疼爱。

我们每次去农村探亲，母亲都会和她聊上几句，话题总逃不开从前那些令人不解的事。因为说了太多次，这些话好像也成了一种客套。她的回答总是那句："嫁人就是嫁给自己喜欢的人，哪有什么下嫁一说。"

在对这件事的看法上，我和父亲的观点一致。还好，表叔叔后来成了老板，也不枉费她当年的一意孤行。

我曾经以为爱情就应该像他们这样，不管不顾地在一起，即便最后成了一对贫贱夫妻，也可以活得很自在。可是，这么多年来，我却发现，事实并不如此。许多人认为，比起所谓的"我喜不喜欢"，门当户对更重要一些。

可我总觉得，**他们自认为的门当户对，不过是自己的臆想和感觉罢了。**

我有一个体制内的朋友，大学毕业三年后考进的机关。她相貌平平，身材略胖，家境中下。大家给她介绍过很多男士，有体制内的，也有体制外的，最后都是她见过一次面就没有下文了。两年来，仅有的一个让她愿意继续交往的男孩还是体制外的。对方虽然相貌平平，但家境不错，唯一比她略逊的就是他在体制外工作。

在我看来，这个男孩的综合条件远比那些“凤凰男”强多了。她犹犹豫豫地和男孩交往了一段时间，她的父母万般嫌弃：我家闺女可是体制内的，他考不上编制，怎么配得上我家闺女？她自己也说，总想找个机关里的编制男，也算是“门当户对”了。

门当户对，真是个可笑的观念。言下之意，她若嫁给他，便是“下嫁”了。但从一个普通人的角度看，这个男孩的综合条件远在女孩之上，又何来下嫁一说？

如今，相亲总是会有“配物质”一说，却没有“配性格”“配感觉”一说。即使双方不是通过相亲，而是通过自由恋爱认识的，到了谈婚论嫁的时候，首先看的也是对方的房、车和家境。人们普遍认为，感情对于婚姻来说，就是一件奢侈品，物质才是保障。

在婚姻中，只有物质上“门当户对”，关系上才能互相平等。物质上不对等的，条件优渥的一方便占据了主动权，可以处处示威。这样导致的结果往往是婆媳矛盾，婆婆与丈母娘的矛盾，女婿与丈母娘的矛盾等等，问题层出不穷。

拿电视剧《离婚律师》里曹乾坤和汤美玉这一对儿来说。抛开曹乾坤出轨的事不谈，光看平时汤家父母和曹家父母在一起时的情景，就能看出“门当户对”在父辈人的眼中有多重要。曹家父母总觉得自己低人一等，每次非要做到给汤家人点头哈腰的程度才觉得合适。当年他们俩结婚的时候，汤家父母趾高气扬地面对曹乾坤，称女儿是下嫁给了他。这话谁听着都不会舒服吧。如果不是曹乾坤很爱汤美玉，汤家父母说出这句话时，他肯定扭头就走了。身为男人，可以被人打骂，但不能被人侮辱。

有人说，你运气真好，嫁了个门当户对的。所以你总是说，看感觉，看感觉。

我说，我和他没有父母之命，也没有媒妁之言，如果按照当下的标准，也未必是真正意义上的门当户对。我们只是因为相爱才在一起的。在这一点上，我感谢开明的父母。

我丈夫是个农村人，没有显赫的背景，当初和我还是异地恋。值得庆幸的是，他们家的人都挺好。我父母的观念是，**感情**

上的门当户对，比物质上的门当户对更加重要。所以，我有了心仪的人，他们只是稍稍把关，并没有做出多大的阻挠。

爱情这事，每个人有每个人的笃定。门当户对未必就会幸福，下嫁未必就会不幸福。当然，如果自己总认为自己是“下嫁”的一方，那一定不会幸福。**说到底，婚姻活的是一种心态，活的是一种情感，活的也是一种自我选择。**

恋爱，也是如此。**你怎么样，世界就怎么样，你怎么对待爱情，爱情就怎么对待你。**

他能许你未来吗?

在感情的事上，所谓的“考虑考虑”不过是把你当作备胎。

最近，有个姑娘给我写信：姐姐，我还是个大学生，喜欢上了一个大我十多岁的有家室的男人。他说他爱我。我觉得我们彼此都离不开了。可我也知道啊，他是不会为我离婚的，因为他有一个很幸福的家庭。我该怎么办?

看到这些，我猛地砸了砸鼠标，如果她是我妹妹，我可能都要暴跳如雷了。

但我还是平静地告诉她：如果我是你，我会选择离开，毫不犹豫，现在，立刻，马上。留在原地，只能看着他把烧饼画成比萨饼，然后吹嘘着问“好看吗”，让你一个人在那里咽口水。那你还不如去烧饼店买上一个看着虽然不好吃，却能起到饱腹作用的烧饼。

一分钟后，她回了我两个字：懂了。

于女人而言，抽离在感情之外时，总是心思洞明，头头是道；可一旦置身其中，她们真正的智商永远也得不到体现，在山雨欲来风满楼的时刻，她们只会仓皇失措。就像一个遇到考试就突然头脑空白的孩子，从考场出来之后，又能将不记得的知识通盘记起。

三年前，我的朋友S离婚了。她是硕士研究生，在一家大型企业工作，丈夫工作也不错。两个人是在一次会议上相识的，进而坠入爱河。他们的感情一直不错，婚姻看起来也很美满，可离婚的事情却突如其来。她只能对父母这样解释：婚后发现性格不合，所以各奔东西，彼此安好。

“性格不合”真是个离婚中专业背黑锅的词语，好像只要说“性格不合”这个万能的词语，就可以把离婚变得轻而易举，不容置疑。

就这样，她带着自己三岁的女儿离开了丈夫，在外面租了个小房子。

事实上，她与丈夫离婚并不仅仅是因为彼此性格不合，真正的原因是她爱上了一个有家室的男人。这个男人长得周正，个子又高，虽然已有四十多岁，却依然保持着年龄难以掩盖的俊朗。他事业有成，甚至可以在某一领域呼风唤雨，是个典型的成功人士。

她离婚后，那个男人信誓旦旦地说："放心，我以后会娶你的。"

信誓旦旦真是一朝一夕的事，事情的结果并没有像男人承诺的那样。这些年过去，她成了单亲妈妈，而他依旧在原来的家庭里扮演一个好丈夫和好父亲的角色。

我不止一次看到那个男人牵着自己孩子的手，陪妻子吃饭、逛街，每次我都佯装不见，绕道而行。可每当我想起S一个人蜗居在不到三十平方米的小屋里，做饭、带孩子、满身都是油烟味的时候，心里都会不自觉地泛起一阵悲凉。

我问她："他常常来看你吗？有没有说起结婚这事？"

她说："常常，还买一些东西过来。结婚就随缘吧，我无所谓……"

说到这儿，她话音开始停顿了。其实，我看得出来，她还是想要婚姻的。

说完，她猛喝了一口可乐，顺带着把快溢出来的眼泪也都咽了回去。

我身边与S姑娘情况一样的人不在少数。

你会不会有这样的体会，女人的一生其实是从她真正爱上一个男人时开始的。在这个分水岭，你带着女孩的外表、女孩的内心、女孩对爱情的憧憬，欢呼雀跃着奔向那个人。可是，从此以后便有一个巨大的命题摆在你眼前：

你不能再像飞蛾扑火般执着，不知西东地大冒险。

你要披上铠甲，用女人的心思去审视你爱的男人。

二十四岁那年，我经历了一段让我永远难忘的感情。对，我本来想用"灾难"二字，可是，如今的我已然可以心平气和地说出那段往事。这正说明，它真的不算什么。

那一年，我遇到一个男孩儿，并对他心动了，没有原因，但义无反顾。如果没有那段经历，我大概也不会明白，**原来在感情的事上，所谓的“考虑考虑”不过是把你当作备胎。**而你这只备胎想得偿所愿，唯一可以做的就是永远阻断他遇见“正胎”的机会。可人的一生这么长，早晚有一天他会遇到真正喜欢的人，到那时你又如何阻挡得了？

那时，朋友热心地帮我传达了我对他的好感，他并没有拒绝，当然，也没有明确表示和我确立关系。因为年龄还小，向异性表达好感还是一件令我面红耳赤的事，所以也没有再追问下去。我们的关系看起来已经超越了普通朋友，比如他常常在一些社交平台上与我互动，每次我发出的状态，第一个回复的人都是他。我们常常一起出去玩，包括七夕节。他还带我参加了一个情侣派对，我们上台表演，人前人后，像极了男女朋友。但他自始至终都没有说一句“我们在一起吧”。

我以为，两个人就这样慢慢发展着，总有一天他会表白，如果不出意外，最后也有可能结婚。每次在我犹豫不决时，他就对我说：“我喜欢你，可我也想再相处试试，再考虑考虑。”

三个月后，狗血的事情发生了，他的另一个备胎找上门来，指着我的鼻子骂“第三者”，哭天抢地，恨不得把我钉在墙上。

我当时也想哭，可最后还是忍住了，因为，她也不过是个可怜的备胎而已。如果不是她来找我，我根本不知道，原来我们都被当成了备胎。

如今回过头来再看这件事，那段感情不过是我自作多情而已。

如果一个人足够爱你，他根本没有那么多时间去考虑，他会直白地想和你组建一个家庭，形成一个生活体系，除此之外，别无他想。

人这一生会遇到许多人、许多段感情、许多次情不自禁，“情不知所起，一往而深”。当“人不风流枉少年”的时代已然离我们远去后，我们总该懂得，**没有婚姻的爱，哪怕对方再死心塌地，也只能看成是没有岸的河。你游到筋疲力尽后，只能沉入水底死去。**

我想，你也是不甘心这么死的，很少有人能够强大到会为一段没有结果的爱情而奋不顾身。所以，**你要学会为自己的感情设防，尽早远离那些“画爱充饥”的男人。那种爱情只是没有结果的幻境。**

没有前任可回头

....

所有的一切不过是因为你活在了回忆里，回忆里的她是你爱的她，是因放在回忆里束之高阁，所以万分欣赏，可一旦从橱窗里的摆设变为实用品，你才知道，磨合原来是一段非常痛苦的过程，并且未必就比现在的用着顺手。

上大学时，我与男朋友（现在的先生）是异地恋，我们天南地北相隔数千公里。

我不止一次说我要去长春旅游，其实也是为了去他的学校看他。但我就是这样，所有的爱都不直白，所有的理由都是为了掩盖真实目的。

他给我写了两封信。一封是表白，一封是告别。表白直抒胸臆，我也欣然接受，而告别的那一封却让我彻夜未眠。他说："我们不知道未来在何处，如果有可能，我会在毕业后来找你。"

那时我心里想着：去他的鬼话。告别都可以，爱却那么难。嗯，或许只是给彼此一个台阶下，让彼此都不那么难堪。

回忆到这儿，每个人都很期待他毕业后来杭州我们的那一次见面，对不对？

或许痛哭流涕，或许情不自禁，或许彻夜难眠……就好像《港囧》里的徐来，为了看初恋情人杨伊的展览，历尽九九八十一难，为的就是来到她身边。

你爱她，是不是她的容颜在你的脑海里颠来倒去，她的笑容好像久久不会散去？是不是突然发现，丢失已久的荷尔蒙并未全部消退，在身体中潜伏许多年，终究还是盘旋不走？

可我清楚地记得，在见到他的那一刻，只有一句"好久不见"，然后就陷入全程尴尬。我们去看了电影，然后吃了饭。席间，谁也没说太多话。

是，在那一刻，我发现，那么多年，只是过去的自己还爱着过去的他，而现在的自己早已有了更新的选择。他早就无异于一个陌生人，只不过回忆牵了线，我们又重新开始了一段新的感情。

经常有人问我同一个问题，觉得和现在的另一半过不下去了，想念自己的前任该怎么办。当然，这些人往往和前任并没有彻底断绝来往。

老实说，如果再见面时我不是单身，那么我先生一定追不到我。如果你非得问我当时的感觉，我只能告诉你，当时的自己并没有比过去的自己爱他。

为什么接受呢？因为单身，因为爱着过去的他。

我并没有说每一个前任你都非得拉黑，老死不相往来。但我始终认为，不到万不得已，真的没有必要再联系对方了。

往现实里说，与其有心与前任保持一种暧昧，不如好好经营眼前这段婚姻，要知道与情人在一起未必有好结果，但在婚姻这场考试里，你努力多少，都实实在在体现在每一次的分数之中；往文艺里说，其实见面了你会发现，**所有的一切不过是因为你活在**

了回忆里。回忆里的她是你爱的她，是因放在回忆里束之高阁，所以万分欣赏，可一旦从橱窗里的摆设变为实用品，你才知道，磨合原来是一段非常痛苦的过程，并且未必就比现在的用着顺手。

正如杨伊遇见徐来的时候，说："你不是真的想来亲我，你只是为了完成那个未完成的吻。"

是，相见不如怀念。当一切过去，尘归尘，土归土，回忆归为现实，一切飘浮在空中的尘埃终将落地。

我曾看到有人在《泰囧》的评论里说，这是中年版的《致青春》，也是大叔版的《匆匆那年》，在这些从青春写到中年的剧本里，都有一个"那些年爱过的人"，仿佛错过就是一生的痛。可是《港囧》最后急转的一笔却告诉我们：**错过是痛，再见却已结疤重生。**

看完这部电影，我和我的先生说："再次见面的时候，感觉自己特别像电影里的徐来。喜欢了那么多年，梦了那么多年，见到时却是我不想再亲你了。而我，只是一个没有结婚的徐来，所以我们才有机会重新开始；如果我的情况和徐来一样，我应该也会走，会回到另一个人的身边。”

回到问题里，我们不妨做一个大胆的假设，有多少人能够在再见时回到当初遇见时的怦然心动？我想，更多的只是默默无语，再也找不到过去的感觉了。

你路过千万个人，所有的远方都只能证明你是那个赶路人；而只有那个随时为你敞开的家门，才能让你感觉到，你是世间的唯一。

现实与回忆是不能靠得太近的，就好比生活需要放大镜，也需要万花筒。放大身边的爱，再去回忆过去，都是需要，也都是美好。

* 第二章 *

爱是按需供给，又有回应

我们是女人，有母性并无妨，但我们是人，生而为人，你可以无私但不可以无能，可以无高度但不可以无底线。

请照顾好婚姻中的自己

我们需要不停地用时间、精力来换取这一场赛跑的胜利，以保证自己在日月风尘中依旧光鲜亮丽。

婚姻失败的女人，脸上多半挂着苦楚，就算她笑得再灿烂，也掩盖不了偶尔忆起往事时眉心间流露出的心酸。

三十八岁的张惠春再次出现在舞台上，已然不是当年“阿妹妹”里那个清纯可爱的小姑娘了。时间不留情面，幸亏她还留了一副好嗓音。但除了有“张惠妹的妹妹”这个家喻户晓的头衔之外，她给观众留下最深的印象是：一个单身的母亲，一个为了孩子再度付出的母亲。她想打着苦情牌再度出山，可最后，粉底之下难以掩盖的皱纹却出卖了她，令人唏嘘不已。

我想起在二十多岁时结识的一个忘年交，当时她四十多岁。

有一次我们出来吃饭，她伤心欲绝地哭个不停。她老公经常彻夜不归，这次竟然一连消失好多天，前几日终于回来，手里却拿着一张离婚协议书，求着她离婚，并愿意净身出户。这大概比打一架，哭闹着离婚，并为孩子、财产争吵不休更让她痛心。

要有多大的诱惑、多深的厌恶，才能让一个男人不惜放下一切，也要和眼前的妻子离婚呢？

可能我是唯一一个与她的朋友没有交集的人，她认定我可以为她保密，所以才敢向我哭诉。虽然我当时只是一个涉世未深，又不懂婚姻为何物的孩子，但她撕心裂肺的哭声却给我留下了难以忘却的印象。

该怎么形容她呢？一个个子不高身材微胖的女人。生完孩子后，一米六的个子，体重却达到了一百四十斤，从此再也没有瘦下来，腰间的赘肉无论用多么能塑身的腰带都无法掩盖住。

她伸过那双满是划痕的手说：“你看看，这些年我为这个家干过的家务都写在了手上。”

这是一个四十多岁女人的手吗？我下意识地打量了一下，长久的家务劳动让这双手变得粗壮而结实，掌面上满是凌乱不堪的皱纹。

我看着她，一时无言以对。

女人的碎碎念总是类似的，无非是吐露“这些年为这个家付出了多少”“舍不得花一点钱在自己身上”以及“老公是多么没有责任心，弃她们而不顾”的辛酸。

她握着我的手，一把鼻涕一把眼泪，一直哭诉到餐馆打烊。分别的时候，我建议她，如果手不好，可以用护手霜，O牌的还不错。可她犹豫了一下，说：“不了，该面对的还是要面对，我自己能省则省吧。”

结局是意料之中的事——离婚。她带着孩子，过起了单身母亲的生活，白天由她父母接送孩子上下学，晚上她自己辅导孩子功课。不过，让人惊喜的是，她开始健身、开始化妆、开始学保养了。她再也不会为了孩子而舍弃自己的衣服、头饰和护肤品。

我们再一次见面时，她腰围纤细，化着淡淡的妆，穿着紧身连衣裙，显得格外精神。她说："我现在才知道，为自己而活才是正道，自己的一切也非常重要。"

传统女性在婚姻中总会有一种先人后己的观念：爱人、孩子、家人，最后才轮到自己。婚姻被她们当成一条绳子，将自己绑得紧紧的，不留任何空隙。

通常情况下，你问她最近生活得怎么样，她多数会告诉你，男人的领带什么牌子最好，鞋子什么牌子最舒服，孩子去哪家兴趣班更好，吃哪国的营养品最佳，就是不会谈到自己。

走过与女性用品有关的柜台，她再也不像从前一般流连忘返，而是头也不回地大踏步地离开。至于兴趣爱好，对她来说更是奢侈品，早已被放进抽屉，可能永不开封。

她以为自己这样全身心地投入就能感天动地，实际上却是一种道德绑架：我如此不顾一切地对你，你没有理由不爱我。可越是这样，越是容易被抛弃，因为，**她的一切喜怒哀乐都围绕着对方，完全没有了自己；一旦彼此分离，她就会发现自己不过是别人的附属品，然后对生活失去希望。**

一直以来，我都很欣赏林徽因——**婚姻中的她独立、自主，**

关心自己的情绪。

记得有一本书里这样写：在美国留学时，梁思成每去女生宿舍约会，总是心情急切；爱打扮的林徽因，面容、发式、衣袜，哪处都不肯草率，迟迟下不得楼来，经常叫梁思成等个二三十分钟。林徽因总是要端端架子。

梁思成的弟弟梁思永为此写了一副对子调侃他们："林小姐千装万扮始出来，梁公子一等再等终成配。"

婚后的林徽因，一直保持着一种自我状态，她并未如其他女子一般专心地相夫教子，她还是那么关注自己的容貌，无论何时，都以最好的姿态出现在人群中；她还是喜欢与朋友出门聊天，一杯咖啡的时间，谈理想，谈兴趣；当然了，她还研究建筑、文学，如老学究一样孜孜不倦。并不是我非要把最好的词语强加给她，只是想说"一个会照顾自己的人"是对她最好也最真实的注解。

我出嫁那天，母亲帮我关上迎亲门的时候说了一句话："要记得照顾好自己。"母亲对我的要求就是最基本的生活之道——要恪守妇道，要知冷暖，要吃好饭、睡好觉、少生病、多运动。

现在想来，她无意间也说出了婚姻的真谛。作为女人，确实需要更多地照顾自己。面对自己日益发福的身材，我总是希望能够回到二十岁的样子；凭借着急剧衰退的记忆力，在孩子睡后腾出时间来读书，以弥补自己越来越明显的缺陷；我不得不去面对那些永远也洗不完的衣服、永远也捡不完的头发丝，还有那双越来越苍老的手。

我们需要不停地用时间、精力来换取这一场赛跑的胜利，以保证自己在日月风尘中依旧光鲜亮丽。

婚姻从来不应该是一个女人的全部，它只是生活的一部分。**你不需要独自一人风餐露宿、日夜不停地搭建一个供人停靠的港湾；两个人最好的状态是，在彼此搭建的港湾里慢慢成长，随着岁月慢慢变老。**

女人，自信点！男人，你爱来不来！

生活是自己的，哪怕所有的一切并没有如你所愿，也要笑脸相迎。

收到一位读者的来信。

亲：

你好！

想跟你倾诉一下。我和老公认识八个月就结婚了，可以说是闪婚吧。我知道他之前有个女朋友，所以在结婚时我犹豫过。他说他不会再联系她了，我选择相信他。后来我们就领证了，之后的三个月也很美好。直到我发现他与前女友依旧联系并且还见面时，我开始感到恐惧与不安。我不断去找他周围的同事打听，尤其是他一出差，我就会想是不是他们又去见面了，还把这事告诉公公婆婆。后来他们都怕我了，怕他一出差，我就去找事。

他慢慢地开始厌烦我了。其实我每次闹都只是吓唬他，让他回心转意而已，不是真想离婚，但是，昨天晚上他说他心意已决，要离婚。其实我不怕离婚，只怕他家里不同意，反复折腾，我怕他拖着我！我肯定会对他念念不忘，然后很快又会和他重归于好，之后又重蹈覆辙，好累啊！想问问您，我该怎么办才好。我们的婚姻是不是挽回的可能性不大？心里特别郁闷、难过，在办公室也想哭，怕同事看到就默默流泪！这样很耽误工作。

LL

我给她回复如下。

LL：

婚姻里女人的不自信大多来源于这个男人曾经拥有过一个前女友。无论她优不优秀，她都和你一样，曾经进入过这个男人的生命。

从某种程度上说，你们都是他的“菜”。“吃菜”的选择权在于这个男人，你自然要担心了，是我还是她？

婚姻走到了这一步，基本上只有一个选择，就是迎难而上。

我们不是战士，但如今，也要懂得穿起盔甲，保护自己。

看了你的信，很明显，你们婚姻的bug就是那前女友了。

和前女友藕断丝连，几乎是大多数男人的通病；男人的欲望决定着女人只是小小的港湾，而不是他漂泊的方向。甚至你会发现，自己怎么都抓不住他，但你总该记得，你是那个港湾啊，他漂得再远，也是要回家的。只要这根线没断，有什么好着急的。

而且，你为什么不让自己成为那个厨师，而不是那盘菜？每天给他做一盘他爱吃的菜，看他还往哪里跑。

当然，我要严正声明，我不是在鼓动男人随意出轨，随意留情。我只想说，**女人，自信点！男人，你爱来不来！**

这句话像是“马后炮”，但真是肺腑之言，不知能否为你在今后的婚姻、爱情里指个方向。

那么，再来说说你现在遇到的问题。如果到了非离不可的地步，尤其是他斩钉截铁要与你告别的情况下，你千万不要挽留。那句“强扭的瓜不甜”，在婚姻里也同样适用。

因为你的挽留而让自己从此被动不堪，从此要包容他所有的错，这对女人来说，实在是太残忍了。

如果他愿意，自然会留下，毕竟你们是夫妻。一对儿曾经同床共枕过的男女即使经历一段颠簸，也很容易重归于好的。除非婚姻里发生了“超级大地震”，从此断壁残垣，那也只能彻底决裂。

婚姻是会影响生活的，但婚姻不是生活的全部。

请尽早从这段迷茫的日子里走出来吧。拖一天，你就老了一天，趁着年轻，好好工作，好好生活，天塌下来又怎样？

最后，永远记得那句话：**生活是自己的，哪怕所有的一切并没有如你所愿，也要笑脸相迎。**因为，世界上最美的结果永远在心里。

小愚

没有离不离，只有悔不悔

在婚姻的“拔河赛”中，保持心境坦然胜于千万次的用力，最重要的是你清楚自己想要的是什么，并且义无反顾地去追寻。

婚姻好比一场无形的拔河比赛，从迈入婚姻的那一刻开始，就已经注定，面对面的两个人一定要控制好各自的力气，才能长久地好好维持下去。

使蛮力会让人跌倒，不使力又会让生活黯然失色。因为一旦有一个人放弃了，另一个人就不能再继续下去。继续还是放下，真的无关输赢。

很巧，我生命中的两个朋友都遇到了同一种情况——男方出轨。

在我看来，男人出轨太常见了。你千万不要怀疑自己，不是因为你不美，也不是因为你不够好，更不是他不想和你过下去了，而是因为在他们看来，“外面的世界”比你更精彩。男人是躲在墙角的老虎，随时会兽性大发，你根本拴不住。

第一个朋友发现老公出轨了，她当时就说她接受不了，并要求离婚；另一个朋友则与老公说：“如果你回头，我愿意继续和你过下去。”

结果是，她们各自朝着自己设定的方向走了，前一个离婚了，后一个继续维持婚姻。但是，两个人最终都碰到了令她们更为头痛的事：离婚的那个，后来的日子比离婚前还辛苦——孩子小，她又当爹又当妈，还得频繁地和孩子解释“为什么我没有爸爸”。继续婚姻生活的那个，也不怎么幸福——她总疑心男人出轨，时不时地跟踪他，好几次都快把自己跟崩溃了，仍未找到任何蛛丝马迹。

后来，我们坐在一起，两个女人面对我都说了同一句话：“完蛋了。”

我说："没事，死不了。"

女人在婚姻里总是很在意输赢，所以永远感到千头万绪，无法自拔。于是，在婚姻这场"拔河赛"中，我们不停地拉"标的"，终于把"标的"拉到了自己这边，以为自己赢了，就欢呼雀跃。

我们真的赢了吗？要知道，男人的拿得起和放得下都是干脆利落的。那个我们以为的"失败者"，是随时可以站起来淡然离去的。到那时我们不过是跌倒在另一边的失败者。

在婚姻的"拔河赛"中，保持心境坦然胜于千万次的用力，最重要的是你清楚自己想要的是什么，并且义无反顾地去追寻。

我非常喜欢的两个女子，一个是孟小冬，另一个是林徽因。她们是不同的两类人，但相同的是她们都知道自己到底想要什么。

我在看孟小冬这样的女人时总是带有崇拜的眼光。因为即使知道自己与梅兰芳的婚姻走到了尽头，她也可以淡然处之，并潇洒地说再见。

抛开艺术成就不谈，单从婚姻关系的角度来说，梅兰芳并不是一个理想的结婚对象。深受中国传统文化的影响，梅兰芳身上有着中国男人的两大劣根性：大男子主义——严守“男主外，女主内”的老规矩，以老婆出去工作为耻；欺软怕硬——对于强势女人的容忍度远高于对于听话女人的，为了维持安稳，随意挥霍软弱一方的忍耐性。

可他忘了，孟小冬终究不是个平凡的女子，对这些老规矩根本忍受不了。不久，她便登报声明自己与梅兰芳分手，此后便跟着杜月笙去了香港。无论是行动上还是口头上，在两人关系中，她都打了一个漂亮的翻身仗。

我又会对林徽因这样的女子充满敬意。林徽因与梁思成两人，从青春走到暮年，也曾多次有过走不下去的念头，可最终他们还是平稳地度过了一生。

许多人曾问过我同一个问题，遇到婚姻走不到尽头的时候怎么办？**离，还是不离？**

我只想问："未来你悔还是不悔？"

电视剧《虎妈猫爸》播到最后，罗素和毕胜男终究没有离婚，给了观众一个意料之中的结局——彼此冰释前嫌，与那些无关紧要的男男女女告别。

这样的结局温暖而明媚，给人一种"未来就是康庄大道"的美好憧憬。

看完这部电视剧，先生问我："如果我是那个罗素，你会和我离婚吗？"

我斩钉截铁地说："必须离。"可是，内心却有一个声音在问："一定要离吗？一定要吗？"

并不是，只是碰到了这个问题就会慎重考虑。

那一刻，我才明白，**婚姻里是没有假设的，很多决定都只在一念之间。**

也有一个离了婚的女友对我说："离婚了，孩子小，但还是觉得比之前更幸福，因为做出那个决定时，我听从了自己的内心，不后悔。”

拿起还是放下，一生的决定，只在一念之间。

在婚姻里，不要用力过猛，但做决定时一定要有最大的决心。你若笃定，必是晴天。

女人多数都输给了痴心妄想

我曾经以为婚姻是恋爱的延续，现在倒是认为那是恋爱后的又一个阶段。

女人对男人总是容易产生依赖，只是不同的人依赖程度不同。依赖多了，男人的话就成了婚姻里的“尚方宝剑”。

所以，女人结婚之后常常会想，他怎么变了？他怎么不如恋爱时那么体贴了？他怎么和婚前不一样了？于是，刁钻、任性、神经质都开始上身了：你是不是不爱我了？你是不是有了外遇？你是不是想休了我？

男人则会想：她从前的温柔去哪儿了？为什么总要我伺候她？婚姻中为什么不能男女平等？

我读大学的时候，文学课上，老师讲徐志摩的爱情，讲着讲着，感叹了一句："女人，对婚姻不要有太高的要求。"

接着，听到底下一群女学生哗然："请让我们对婚姻抱有美好的期待。"

老师说："期待是好，别太期待。"

当年，我就是她们其中的一个，和所有年轻的女大学生一样，对婚姻充满了期待。我以为结婚之后，两个人依然如恋爱时一样，有大把的时间出入饭馆、影院、咖啡厅；他永远可以陪我花前月下，永远宠我如宝，爱我无虞。直到多年以后，我才明白老师的这句肺腑之言，那是过来人走出来的真谛——婚姻里的柴米油盐皆是酸甜苦辣。

期望越大，失望越大；期待越高，幸福越少。这是我家陈先生对我说的。

我和陈先生是异地夫妻。结婚前的最后一个情人节，他请假从外地回来陪我过节。陈先生说，以后的情人节，不是每一次都能陪你过了，因为我们会从情人变成夫妻。我当时不理解，嚷嚷着："怎么可以这样，是不是把我骗到手了，你就不把我当回事了。”他没有理我，只是笑笑。后来，他和我说：“婚姻幸福与否在于你能否面对现实。而不可能像其他夫妻一样浪漫，就是我们要面对的现实。”

我有一个闺密，她和老公结婚不到两年就离了。导致他们离婚的只是一件稀松平常的小事。有一天，闺密带老公去逛商场，很快就刷爆了信用卡。老公劝她，过两天再来买。闺密不乐意，一直闹着要买，两个人就吵了起来。气急败坏之下，闺密狠狠地扇了男人两巴掌。当着那么多人，他没有还手，只是默默地离开了，就因为这件事，他们的感情彻底决裂了。最后的结果是——离婚。

闺密说：“他说话不算话，从前他什么都听我的。”她老公说：“不作会死吗？”我后来才知道，像这样无理取闹的事在她身上已经不止一次发生了，那个男人在电话里和我说：“在她下一次结婚之前，你教教她——婚姻里谁都不欠谁的。”

我曾经以为婚姻是恋爱的延续，现在倒是认为那是恋爱后的又一个阶段。总以为会天长地久的甜言蜜语，最终都会被现实碾压得一文不值。而女人，懂得适时调适自己的期望值，比什么都重要。

男人让着女人，在婚姻里是天经地义的；但让一个男人永久地当你的“奴隶”，不过是大多数女人的痴心妄想。

结婚典礼上，男人说的“家务事我全包，所有的事都听你的”，只是男人在人前的“面子”，而不是在人后的“里子”。女人总是很傻很天真，以为承诺是把“安全锁”，嫁了夫君便当了公主，从此，衣来伸手饭来张口。

我曾经在小范围内对那些结了婚的男人做过调查，问他们在婚姻生活中最喜欢的状态是怎样的。他们说：“平等、自由、和睦、宽松。”我问：“这是不是男人的惰性使然？”他们并不否认。

我的朋友沈先生给我打了一个比喻：恋爱是酒，虽然醉人，但喝多了伤身；婚姻是水，虽然无味，但永久甘醇。

无论是女人还是男人，再好的恋爱都不如婚姻，细水长流。

人们常说一句话：婚姻是爱情的坟墓。其实，婚姻之所以会成为爱情的坟墓，是因为有一群自掘坟墓的人，她们总喜欢以“你要待我好”“你必须待我好”之类的口吻来求得男人的承诺，并把那些承诺当成保障，从此便拼命地索取，拼命地比较，拼命地要求。殊不知，**有时候所谓的幸福，不过是来自于你内心的满足。**

有些人没有公主命，却得了公主病；不是豪门出身，却对豪门充满了幻想。

期望无穷，乱箭穿心。而婚姻这个靶和所有的靶都是一样的，射得太用力、太多，终究会被你的“期望”射得千疮百孔，无处安生。

你以为换个人就好了吗?

分手的根本原因只有一个：不够爱。爱情其实很简单，要么真爱，要么真不爱，那些所谓的前任，还是都散了吧。若真是爱到海枯石烂，当初就不可能被现实冲散。

那天，接到一位读者的来信。

小愚：

你好！

有幸读到你的文章，我很受启发，现在我有个问题想请你帮我分析一下。

我结婚六年了，孩子五岁。当初真的是为了结婚才结婚的，婚后的头几年，我们之间发生了无数次争吵，又打架又闹离婚。我们领了离婚证，又领回结婚证。这几年我们为了孩子才塌下心来好好过日子，努力地经营着我们的婚姻，不再打架了。至于感情交流，还是少那么一点点，这是我们的婚姻现状，我要说的问题是：

前几天，我接到了前男友的电话，他来我的城市出差，想见见我。出于对各种情况的顾虑，再加上时间紧迫，我们没有见成，不过我们还是加了QQ好友。说到这里你应该猜到接下来的问题了。

我觉得我还是喜欢他，跟他在一起会令我感到轻松。自从分手以后，八年的时间里我们彼此之间没有任何联系。后来我们都各自成家，有了孩子。

加了好友以后，他找过我好几次，我知道他对我念念不忘。我们都遗憾当初没能走到一起。看得出来他是真的喜欢我。他说去国外的那几年，在很多场景里都想到我，如果我们当时在一起，他会带我去很多地方，或许还会留在国外。他现在很优秀，而我又何尝不想在最好的年纪把最美好的自己展现给他。

你说我们现在的关系是不是很危险？我们这样算不算是婚外情？当然，我们现在还没见面，他说找机会要来见我，我没有拒绝。你说我该怎么办？如果不跟他联系了，我觉得真爱只有一次，要追随自己的内心；跟他联系，我觉得对不起老公；做朋友呢，没有那么单纯，毕竟以前该做的都做了。

我在婚后才发现前男友才是最爱，你说我该怎么办？

小文

我给她回复如下。

小文姑娘：

别恐慌。婚姻是一辈子的事，爱情什么时候都有可能到来。我看到了你的矛盾、焦虑以及摇摆不定。其实，每一段感情到来之时，都会有这样的感觉。

我终归是要说，你是个好姑娘，看到你说“对不起老公”，我便知道，你并没有冲动，没有冲动到不加思考就随意做出决定。但你的心已经摇摇晃晃，离还是不离，不知该如何抉择。

我们不得不承认，婚姻是一件很无聊的事。那些花前月下的美好都是两个人在初相遇时，荷尔蒙爆棚的情况下才会有的。所谓的愿意为爱放弃一切，只是一时兴起的誓言。过了热恋期，感情基本就趋于平淡，待到结婚之后，就真的彻底平淡了。你有没有发现，结婚以后，男人变得不再如从前那么可爱，你们的争吵也比从前多了很多，你开始容忍不了他的缺点，甚至暴跳如雷？两个人开始频频放狠话，有时是因为他犯了错，有时是因为你想刷一下存在感。

一切都起因于我们有颗不甘平淡的心。平淡的生活总是无时不在，但令你出乎意料的事也随时会发生。你总觉得结婚以后就可以永保太平了，即使吵架、闹离婚也不会真的怎么样。可是，“假戏真做”的情况也是经常有的，也许当你还在研究三百六十五招该如何出手的时候，他就已经筋疲力尽，甚至要和你分道扬镳了。

你说，那个前男友对你念念不忘，还想带你去很多地方。可我相信，他只是想寻找一种快乐和新鲜感，寻找一种婚姻之外的刺激。我从来不信“工作、学习”可以作为分手的原因，**分手的根本原因只有一个：不够爱。**

爱情其实很简单，要么真爱，要么真不爱。那些所谓的前任，还是都散了吧。若真是爱到海枯石烂，当初就不可能被现实冲散。而你认为的婚后遇到的真爱，不过是在给自己麻木的心寻求一种慰藉。

日子总是一段欢喜一段忧愁，但最终都会归于平淡。无论你换了多少段婚姻，最后的结局都是一样的。或许，有人会说，这样认命地去生活真的好吗？就比如你所说的，人生只有一次，凡事要随心。但我理解的这个随心，并不是肆意妄为。我不是刻意要把这些上升到道德层面，只是，“婚外情”是一种病，从今天起，你需要慢慢治。因为一旦你深陷其中，就很难自拔，它会成为你的一个烂疮疤，进而遍及全身。

经历了分分合合之后，你们还能好好地过日子，这对于夫妻来说是需要很大默契的。多少夫妻还在为能不能“好好过日子”焦头烂额，你却早已获得，这是多么幸运！

就当那个前任是一阵风吧，风过，他带给你的涟漪也会随之平静，你还是回到原来的位置吧。

我们都觉得生活太平淡，殊不知，平淡就是最大的幸福。

愿天下男女在婚姻中既有情人的热情，也有夫妻的亲密，入口不烫喉，触手不生凉。

小愚

爱是按需供给，又有回应

风淡云轻，细水长流何止君子之交，爱情不也是如此才叫落花流水，天上人间？

上一代人的结合，很少是因为刻骨铭心的爱情；他们结婚的前提很可能是“父母之命”“媒妁之言”以及“还不算太讨厌，觉得可以和对方过下去”，然后结婚、生子、白头到老。

因此，**他们的爱很有方向感，婚姻在漫长的岁月中会逐渐走向他们所设想的那样。**

比如我的父母，他们都是返乡知青，回到城里时两个人都已经三十岁。那个年代的三十岁单身男女是真正的“剩斗士”了，经过“全民搜寻”，父亲终于与母亲相识。半年后，两个人就领证结婚了。父亲从不否认，在与母亲结婚之前，他也有过轰轰烈烈的爱情。就像母亲所说，他们能相识那就是缘分，可以先结婚再恋爱，到最后依然可以相守一生。

我们年轻人很难理解父辈的婚姻：怎么能够在没有爱到海誓山盟的情况下就草草地把一辈子都许给了对方？

我二十多岁时，经常问父亲：“你为什么会娶母亲？”然后转身问母亲：“你们通过相亲才在一起，结婚以后就没觉得不适应吗？”

他们坐在电视机前，一个织毛衣，一个看报纸，总是异口同声地说：“你还小。”然后相视而笑。

婚姻，是一场不可能分胜负的拔河比赛，任何一个人赢了，另一个人就会输，而赢的那个也会应声倒地。

我发现，在婚姻生活中，母亲是个绝顶聪明的女人：**在经营婚姻关系时，她始终遵循着按需供给的原则。**

母亲对父亲结婚前的那一段感情，几乎是了如指掌。我出生后不久，那个女人还来我家找过父亲，当时，她也已嫁人。大概是想恭贺我父亲成为“爸爸”，拎了许多童装来看我。母亲见了她，和父亲说“你们出去看个电影吧，难得相聚”，然后就抱着不到一岁的我回了卧室。

母亲本以为他们会吃了饭再回，结果才过了两个小时，父亲就回来了，只有一场电影的时间。这事是父亲自己和我说的，他说他第一次发现，在他心中母亲早已取代了那个女人的位置。

后来，女人经常与父亲联系，时而电话，时而吃饭，时而送土特产，母亲都是知道的。

一次，父亲的一位知青朋友要给儿子办喜宴，那个女人将这件事通知了父亲，邀请他一起去赴宴。父亲便问母亲的意见，如果母亲不乐意，他就不去了。母亲一边打着毛衣一边说：“怎么能不去呢？就当是会会老朋友咯。”

其实，父亲心里是可去可不去的，毕竟路真的很远。他犹豫不决时，倒是母亲执意让他去。我帮父亲给那个女人发了条信息，意思是，可以一同前往。

我问过母亲：“这个女人的存在不会令你感到不安吗？”

母亲回答说：“你父亲心中有没有她，都不是我可以决定的。你拉得越近，他可能走得越远。”

三毛说过一句话：**风淡云轻，细水长流何止君子之交，爱情不也是如此才叫落花流水，天上人间?**

这么多年，我从来没有见过父母在外人面前有过任何亲昵的动作。除非特别重大的聚会或者家庭宴会，否则他们都很少一起出席活动。

我对他们在婚姻关系里的角色是持有敬意的。母亲懒得与父亲出去应酬，父亲也从不混入母亲的小圈子。白天，父亲上班，母亲在家干家务；晚上，母亲坐在电视机前做手工，父亲坐在凳子上看报纸，谁也不理谁。到了习惯的时间，两个人才上床睡觉。他们偶尔也会一拍即合地去旅行，旅途中如果有了各自想去的地方，便分头去玩，到了晚上再汇合；他们时常去外面吃饭，实在统一不了意见时，索性自顾自地吃，吃完再碰头。

生活就像一个巨大的盒子，可以供他们两个在里面自由享受，既可以相敬如宾，也可以肆意嬉闹。他们是彼此最亲密的伙伴，又谁也不愿意越了谁的雷池。

我结婚的前一天，母亲与我彻夜长谈。她从三十多年的婚姻生活中总结了一句话送我：**别黏得太紧，也别离得太远**。

如今再来看，果真是金玉良言。

没有底线的付出让你失去被爱的能力

她们把所有的心思、所有的爱，乃至对未来的所有希望都寄托在孩子身上。她们早就忘记，自己也是人，一个允许倒下、允许休息的女人。

前段时间看到一条微博：有一个现象，两个人离婚后，男的既不出抚养费也不管养孩子。我想知道，这是不是已经变成一种潮流？

离婚时孩子的抚养权一般都会判给男人，可实际上都是女人在养，孩子还不能改姓。我周围至少有四个朋友离婚后都是这种情况。我问她们为什么会答应这种不平等的条件，她们说是因为母性使然，舍不得让孩子吃苦。

我当时就想到了一个人。五年前，她离婚了，而且是净身出户。我不知道她为什么会那么笨。对于一个女人来说，你的经济基础决定了你在未来的日子里是否不必奔波也能活得很滋润。退一万步讲，至少可以为孩子争取五年甚至十年的抚养费。

她真的没有太多钱，家又在很偏远的县城，还要一个人养育孩子。她说这是她的选择。离婚的时候，那个男人放下一句话：要么钱，要么孩子，你自己选。她毫不犹豫地选择了后者。

我记得很清楚，那天她拉着一个巨大的行李箱，牵着孩子走出了家门，那段婚姻也彻底结束。孩子才三岁，什么都不懂，一路上还在我的车里咿咿呀呀地向着母亲笑。

“你今后打算怎么办？”

“给她找个幼儿园，早点读书。好好培养她。”关于自己，她什么都没说，只说了孩子。

“那你自己呢？”

她不说话，一个劲地逗孩子。**女人总是喜欢用别的事来掩饰自己内心的慌乱。**

这些年，她每天早上六点起床，给孩子梳洗干净，喂孩子吃完早餐，然后送她上幼儿园。晚上做完饭、洗完衣服，时间就过了九点。哄孩子入睡后，早已来不及做别的事。她每个月六千元的工资，不仅要支付孩子上幼儿园的学费、钢琴家教费，还要付房租，能留给自己的少之又少。她很少去餐厅吃饭，甚至尽量拒绝朋友的宴请，用她的话说，吃了别人的，总有一天是要还的，而我没有能力还，也不想欠这个债。

夏天的时候我去她家，看到她正在拖地，身上穿的是军训时候穿的迷彩服。看到我，她不好意思地笑了笑，然后套了件外套。这些年我从来没看到她为自己买过一件新衣服。

当年的美好早就被现在的蓬头垢面所替代，每次见到她，我都不知道该说什么。

“如果没有孩子，我会疯的。”

“那男方也该支付抚养费啊。”

“要么孩子，要么钱，从一开始就注定了。”

自始至终，她都没有为自己的决定感到后悔。

母性，这个词在她身上体现得淋漓尽致。看着她现在的样子，又想到这个词，我忽然很想哭。她的母性让她变得伟大又软弱，有力又无能。

每年离婚的数据都在上升，这早就成了人们习以为常的事。可是，“单亲妈妈”好像永远比“单亲爸爸”多。我周围就有许多朋友，她们仿佛早就默认了这样一个规则，只要得到孩子就谢天谢地，觉得那是自己最大的安慰。接着呢？**她们把所有的心思、所有的爱，乃至对未来的所有希望都寄托在孩子身上。她们早就忘记，自己也是人，一个允许倒下、允许休息的女人。**

我们过于放大自己的母性，放大到别人可以肆意地利用。举一个最常见的例子。

男女双方离婚，法院把孩子判给男方抚养，女方将无法经常见到孩子，对此，女方一般都难以接受，从此开始不依不饶地找上门去哭闹，扬言要再上法庭。而男方却会说：“可以啊，孩子可以归你，只是你以后别来问我要抚养费。”女方一听，高兴得不得了，立刻放弃抚养费，抱着孩子就跑。

我不想带着恶意来揣测这些男人。毕竟事实摆在那里，没有小孩，男人再婚就容易许多。而女人呢？除非运气特别好，以后会出现愿意与她共同抚养孩子的男人，否则，孤老一生也不是没有可能。

我觉得母性时常扮演一个被利用甚至是被滥用的角色。许多媒

体都过分夸大了母性的伟大，却忽略了背负在女人身上的责任早已犹如千斤重担。好像只有把该吃的苦都吃尽了，该受的伤都受尽了，该背负的一切也都背负下来了，她才算得上是一个好母亲。那些歌颂母亲的诗词，我觉得并没有什么问题，只是，歌颂者们是否想过，一个女人穷其一生难道仅仅是成为一个好母亲吗?

有一些单亲妈妈，经常在微信公众号的后台向我抱怨生活的苦，抱怨前夫对孩子的置之不理，抱怨养孩子的不容易。我问过她们中的许多人：“为什么不上法庭去告啊？毕竟身为孩子的父亲，他是有义务抚养小孩的。”她们说：“算了，我也是孩子的母亲。我只是抱怨而已。”每次看到这样的回答，我都气得想摔键盘，可又拿她们没办法。

我不想用那些钩心斗角的例子来教人如何隐藏自己的母性而不被人利用。但我想说，**你可以滥用母性，哪怕任意挥霍，哪怕倾其一生也无妨，但绝对不能允许别人来利用你的母性。**一旦感觉有人在利用它，你要“断、舍、离”，转身躲开。

最后奉上几句：让我们一起来保护自己，珍惜自己的母性。**不要暴露你的慈悲，让别人的侵犯随时来袭。你要将它隐藏起来，**

在你最需要的时候才能用。

我说过，我们是女人，有母性并无妨，但我们是人，生而为人，你可以无私但不可以无能，可以无高度但不可以无底线。尤其是在婚姻中，你要随时保持自己的底线，别人想要利用你的母性来要挟你，你就将他摔倒在地，让他无法起身。

* 第三章 *

我们谋生亦谋爱

愿 你 够 努 力 ， 爱 得 起 等 得 到所谓芳华绝代，才不是那张永远年轻的脸，而是一颗永不被岁月捆绑的心，和身心永远在路上的生活状态，永远以自己喜欢的方式去生活。

好姑娘，愿你永不被这世界轻薄

我们很难对别人感同身受。对着熟人，戴上面具，让人雾里看花；对着陌生人，摘下面具，又心生防备。我们矛盾地看着这个世界，心怀诚意，又绝不坦然。

她头上总爱戴着一朵花，所以有人叫她“花姑娘”。

十八岁那年她来到S城。那是她第一次走进台门，自卑又略带着招摇，满脸的腮红加烈焰红唇。她在我家对面租了一个四十平方米的小屋。那是一间矮旧平房，坐东朝西，有点阴暗，破旧得只剩门是新的。房东老李说，反正没人住，有人愿意出每个月五百元的价钱，自然就租了。

台门里的老太太们对这个不速之客是抗拒的。她们眼中的花姑娘妖里妖气，像只“鸡”。

“鸡”，是当地人对女人最具侮辱性的称呼。那些不三不四、跟男人保持不正当关系的女人，才被叫作“鸡”。

没过多久，花姑娘在市区的一个会所找了份工作，那些保守的老人一向雾里看花，连忙把她与那群“失足少女”画上了等号。从此，算是跟她划清了界限。

一个人在他人心中的印象一旦被认定，就很难再改变。一个小城市，一条小街，人与人自动归类，彼此不越雷池一步，却又防不胜防。

我跟花姑娘的关系还算不错。台门里，也只有我还能和她保持着正常的邻居关系。母亲很不赞同我和花姑娘玩在一起，因为别人都不喜欢她，母亲不希望别人因此也不喜欢我了。

我觉得她是个好姑娘，虽然打扮得有些俗气，工作也不怎么体面，可她有一股为了生活不断向上的韧劲，而且对人有礼貌。她每天下午三点半上班，晚上十二点才回，几乎一直过着没有白天的日子。她开门很少发出砰砰的响声，进出之间总是小心翼翼地保持着安静。她对每个人都很有礼貌，哪怕邻居对她侧目，她也能在见面时微笑着点点头。但老太太们总是捕风捉影、揣测她的生活："这只'鸡'啊，一扭一扭的，腰都快扭下来了，唯恐别人看不到她的屁股。"说到激动处时，还会一口一个"鸡婆"地称呼她。

她从不争辩，向来只装作听不懂。

她很喜欢抽烟，包里放的都是利群。十六岁她就开始学抽烟，抽的是那种用纸包着的烟叶，吸两口就够了。到了南方以后，没有烟叶，就只能买烟抽了。她和我说话的时候，地上就会出现烟头，一个又一个，然后成了一堆。

她说，她母亲喜欢采山上的野花编成花环给她戴，以至于她很小的时候就喜欢上了发饰。后来习惯了，看到发饰就会忍不住地想要买下来。

她八岁那年没了父亲——他心肌梗死，整个人最后咳了两下，就没气了。她摸着父亲冰凉的身体，第一次面对亲人死亡。

她有个比她小四岁的弟弟，平时她要帮妈妈看管着弟弟，所以从小又当姐又当妈。她弟弟上学了，她才有资格上学。那一年，她十岁。

在农村那么多年，她干的最多的一件事就是种田。有一次被毒蛇咬了，幸好她机灵，拿刀一下把肉割了，虽然过后痛了好久，还发了炎，但至少保住了命。

她说完，猛抽一口烟，然后吐出来，看看我，不好意思地笑笑。心事对人诉说，她也会观察我的反应。

可我真的无力把情绪挂在脸上。

其实，花姑娘的脾气我是知道的。很多时候，她的彬彬有礼带着些许的好强。在租房的这些年里，她很少问别人借东西，有时来问我借，听说我没有后，就会直奔超市去买。她知道台门里邻居对她的疏离，所以尽量保持着彼此之间的距离，避免难堪。钱，她只向我借过一次，一共五千元，说是她妈妈急用。我没有告诉母亲就把钱给她了。第二个月，她一发工资就还了我，还顺带送了一篮子水果。她去会所上班，化的妆很浓，但穿着却很保守，很少穿露背装，甚至还在外面裹上长长的围巾，连夏天都是如此。她说，怕被人轻薄。

不过，说到轻薄，在会所工作的女孩总是会被那些男人觊觎的，他们把她们当作玩乐的棋子，呼之即来，挥之即去。花姑娘很懂这点，她从不领男人来自己的住处，即使有人找过来，她也会把门锁得紧紧的，避而不见。我问她，既然觉得不安全，为什么不选择去酒店工作？她说，她需要钱。

她确实很卖命，有一次陪客人喝酒喝得烂醉。那个客人说，她每喝一杯啤酒他就拿出一百元给她。她一口气喝了二十杯，喝完就醉得不省人事，还是同事小姐妹们把她抬回来的。还有一次，一个客人说，你给我来个劈叉，五分钟一百元。她就将自己的双腿拼命地拉成了一字，坚持了一个小时，后来好几天走路都一拐一拐的。我看过她记的账，每个月的收入都在两万元以上，用她的话讲，是耗着生命在赚钱。即使这样，她也觉得很值。

我们很难对别人感同身受。对着熟人，戴上面具，让人雾里看花；对着陌生人，摘下面具，又心生防备。我们矛盾地看着这个世界，心怀诚意，又绝不坦然。

最终，在台门里还是没有人理花姑娘——因为她是“失足少女”。

我最后一次见到她是两年前夏天的一个早上。天还没亮，她来敲我的门，后面是一大堆收拾完的衣物以及一辆停在外面的拉货车。我有点惊讶。她说，她的母亲去世了，所以她把会所的工作辞了，打算回家。她的脸上有一点悲伤，又略带平静。

我说：“我送送你。”

那一早，我和她一起蹲在货车上，随着衣物一起东摇西晃。她一路上给我讲了很多心酸的往事，我听得直哭，她却没有流一滴眼泪。她说，她出来打工，是因为母亲得了癌症需要钱。家里呢，就交给弟弟照顾了。弟弟也很辛苦，一边上学，一边照顾母亲。她说，她知道台门里的邻居觉得她不正经，不是个好女孩，可是她没有办法。没有学历，也没有社会经验，怎么快速赚钱呢？会所，算是个不错的选择。不过，她和她妈说找到的是一份厂里的工作，为的就是让她安心治疗。

她说：“你知道吗？我忍受现在的日子很久了。没有白天，只有黑夜，还会被嘲讽。会所里有些客户多下流啊，可我没办法，为了钱，能忍的我都忍。母亲现在走了，我也该回去了。”

过了一会儿，她平静地拿出一根烟，狠命地吐出长长的烟圈。然后，一根接一根。

我看着她的火车渐行渐远，直到消失得无影无踪。她没有回头看我，当然，拥抱更没有。确实，这座城市只是她的中转站，她最多的感受不是快乐和幸福，而是恐怖、单一和不美好，这儿简直令她无可留恋。

一个月后，我收到她的信息，她说她要结婚了。

若干天后，她就把号码换了，消失得无影无踪。

我没有满世界地去找她，或许是因为即使我找到她，也不知道该和她说什么，说说自己，还是说说那些她曾经认识的人，告诉她现在他们是如何的光景？

可是，我终究是想她的，那个瘦小的身体，那张微笑又倔强的脸，那些永远在她脸边围绕的烟火。

上个月，母亲突然问我："记不记得台门里的那个小姑娘？"我心头微微地有点震动："是不是那个花姑娘？"母亲说："她来家里了，说是刚好路过这里，所以来看看你。见你不在，留下个号码就匆匆走了。她有点胖了，素颜的样子挺好看，一眼还认不出来呢。”母亲仿佛有点高兴。

人总是这样，离开了，所有的心结就都解了。

我拿过号码，给她打了个电话。她接到电话的时候，似乎很兴奋，一直不停地说。这个电话我们打了一个多小时，一刻不停。

我说：“忽然还有点想念你在台门里的日子呢。”

她没有吭声，后来，幽幽地说了一句：“我不想念台门，一点儿都不，可我想念你。”

挂了电话，我一个人坐在电话机前默默地待了良久。

是啊，**一切不美好是不会随风而去的，只要风起，便会回来。可好姑娘啊，愿这些不美好不再是阻止你前行的障碍，也愿你永远不被这世界轻薄。**

饭局不是谁都可以行走的江湖

人生漫漫，你不喜欢的就断舍离，你喜欢的就笑语盈盈地接受。

那天，闺密推辞了一个饭局，是在我面前推辞的。她推辞得爽快，隔着电话都可以感觉到对方的措手不及。挂了电话，她就挽着我的手赴只有我们俩的约会。

我说："其实……没关系的，我们可以改期。老板毕竟是付你薪水的人，总不能驳他面子。"

说完这句，我觉得自己特别俗不可耐，可也是真心的。

闺密说："我并不是讨厌老板占用我的休息时间让我应酬。我只是讨厌坐在饭桌前，面对不熟悉的人无话可说、无话可接、只能呵呵笑的那种尴尬场面。”

这让我突然想起朋友圈里的一句话：“如果死亡是一种解脱，不善言辞的人在饭局上的每一分钟都是在等死。”

我当时还跟了一句：“是不是终于明白了什么叫度秒如年？”

并不是每个人都适合饭局。我开玩笑时和朋友说过，适合饭局的人大抵有三种：一种相当于一桌中的主菜，色调明媚，艳压全场，这类人不需要大动声色，就可运筹帷幄；一种相当于甜品，起到调色调味的作用，这类人擅长插科打诨，多半会“成也饭桌，败也饭桌”；还有一种就像主食，是必需品，这类人沉静不显眼，但不可或缺。而那些不善言辞的人，不过是摆在人前的小碗、小筷、小碟，虽然每次都坚持到最后一刻，但属于随时可被替换的角色，随时会被遗弃。

刚参加工作那会儿，每逢年底，单位都会举行一次大聚餐。聚餐时的座次是随意的，所以每次我都胡乱地坐到某一群同事中间，然后就开始为时一个小时的聚餐。

如果你仅仅把聚餐定义为吃饭，那就大错特错了。细心的人会发现，刚上两道冷菜的时候，就已经有人开始忙于交际了，即便桌上没有酒，拿饮料也要敬领导一杯。我刚进单位的时候，一个老前辈对我说：“有些人喝饮料都能喝出酒的气氛，而有些人就算喝了酒，与喝饮料也没多大差别。”他显然是在向我言传意会：饭局并不仅仅是喝酒，在酒之外还有大学问。我自然是不懂的，到现在也不懂。

其实，聚餐时我也有去敬饮料的，只不过是跟着长长的队伍，夹在一大批同事之间，人事科长一个个地介绍，姓名、单位，但也只是走马观花，跟着领导走个过场，之后便像过眼云烟。

有人可以三言两语让领导举杯和他一干而尽，有人不过是被领导问了问名字，就打发走了。比如我。领导问：“你叫什么？”我怯怯地说：“小谢。”领导看了看我，我的脸早已发烫，喝口饮料说声“谢谢”就跑了，感觉总算是完成了分内的任务。那天的场景，至今让我心有余悸。

通常聚餐没多久，大家就开始登台表演节目，桌子那头就只剩我一个人了。因为胆小，不敢上台，我不得不站在台下，看他们精彩的演出。瞬间，我感觉自己成了被遗弃的孩子。虽然不喜欢热闹，可我心里却很羡慕他们的大胆。看到他们眼神中放出的光芒和对自己的不屑一顾，我如坐针毡。最终我还是没能迈出那一步，一个人尴尬地低着头吃了很久。

我并不认为在饭局上敬酒是什么天大的事，也不认为给客户、给领导敬酒有任何谄媚之意，天生不善言辞的人注定是饭局的牺牲品，就如同一个身穿铠甲却不会半点武功的人上战场，头脑一片空白，不知如何应对，最后不战而亡。在尴尬的气氛里，除了吃和笑，你再也没有更合适的表达。一瞬间，你就成了局外人。

有的人好像注定是为饭局而生。比如林徽因，无论是主持“太太沙龙”，还是走进饭局，只要她一出现，别人就没有说话的机会。她不是范柳原说的那种善于低头的女子。

老实说，我周围也有一些同龄人，他们天生是饭局高手，从落座的那一刻起，就开始天南海北地聊。看着他们，你突然觉得人与人之间的关系很近，三五个人很容易就发现彼此之间的联系，顿时成为老熟人。这样一来，就与不善言辞的人形成了鲜明的对比，后者往往上来就像查户口，从姓名问到家庭地址，再问到父母的工作和对方的工作，然后，就没有然后了。

饭局达人往往是长袖善舞，而你只会沉默不语，自然而然就成了那个被遗弃的人。唯一和你做伴的，是桌子上的菜，只有它们是你孤独的伙伴。

从此以后，我再去饭局就会选择。首先问清饭局上有没有已知的“自来熟”，以免让自己成为那个被比较的人，毕竟谁也不想总当人家的陪衬；其次，看看有没有臭味相投的人，是否有和我一样不善言辞，只会闷头吃饭不会周旋交际的人；最后就看心情了。每当我心情抑郁的时候，只想自己独处，谁都不理不顾，更别提要去一个谁也不认识的饭局了。

这样一来，可能会遭遇尴尬的饭局基本就被排除了。剩下的饭局，我可以默默无语，时常还会有伴，偶尔相视一笑，竟觉得有一种偷来的快乐。自此以后，我也逐渐走出了饭局的阴影。

是，这些年更多的是参加朋友间的聚会，能随意说随意笑的那种，与应酬类的饭局感觉截然不同。

有人说，饭局是个江湖，不是大侠别随意行走。我对于饭局本身并没有任何恶意，相反，我只是觉得自己与饭局没有缘分。在这四五年的时间里，我慢慢懂得了一个道理：作为一个不善言辞的人，别随意拿起你的短剑乱舞。面对自己的短板，可以绕着走。**人生漫漫，你不喜欢的就断舍离，你喜欢的就笑语盈盈地接受。所有的微笑或脸红，到最后面对的都是你，为何不选择一种让自己高兴的方式呢？**

所谓芳华绝代，才不是那张永远年轻的脸

……………………

芳华绝代是自己的，是别人抢也抢不走的现世的自己。

息影二十一年的林青霞在某真人秀节目中复出。淡淡的鱼尾纹挂在眼角，眼角肌也略略松弛，笑起来时颈纹清晰可见，体型也已不再那么苗条，当年在电影中那个一颦一笑都妖艳十足的东方不败如今早已荡然无存。可当我看到她笑得那么淡定从容，举手投足间优雅自如，连皱纹都好看的那一刻，禁不住慨叹，岁月虽公平地催人老去，却又不公平地把这个女人雕刻得如此精美绝伦。

女人天生害怕衰老。七十岁的女人在喊老，五十岁的女人在喊老，三十岁的女人依然在喊老。于是，七十岁的女人想打扮成

五十岁的，五十岁的想打扮成三十岁的，三十岁的女人呢，全然不理会这些长辈们的目光，一心想让自己永远十七八岁，完全没有对奔三的恐惧，更没有半点皱纹，连胖都胖得吹弹可破；只不过，活一天便长大了一天。

据说慈禧太后当年卧病在床时，还依旧留恋自己曾经的花容月貌，命人去民间采撷偏方，想要青春永驻。最后，她用没用什么偏方没人知道，但有一点是肯定的，慈禧是个极其怕老的女人，也是个终于老去了的女人。

我去澳洲旅行的途中，遇到过两个国外的老太太。她们穿着红色外套、花格子裤，格外显眼。她们长得并不算年轻，和我们见过的许多外国女人一样，生过孩子之后，整个人的体形走样得非常厉害，几乎是我们正常人体形的两倍。因为胖的缘故，皮肤的皱纹一节一节地看起来更加明显。

她们看到我孤身一人，便邀我和她们同行。在小岛的整个上午，我跟着她们一路行走，一路拍照。她们碰到好玩的就要求拍照，有时蹲在地上，有时坐在墙角，恰好碰到好看的鲜花，便两手一开，摆成鲜花的样子，配合着镜头微笑。还有一张是在沙滩上照的，她们跟一条狗打闹，两个人满地打滚，肥胖的身材自然是没有那么灵活了，浑身都沾满了沙子，但她们高兴得哈哈大笑。

累了，我们便走进一家咖啡馆聊天，咖啡虽苦，可她们却喝得津津有味。

这两个女人是邻居，五十岁以后就常常结伴旅行，她们的老伴则负责看家、浇花、料理家事。当然，她们也照看孩子，不过，那可不是生活的全部。她们说，**每个人都是自由的个体。**整个路途中，这句话令我印象深刻：Everything，Enjoy！

哪有什么不老的秘方，我看到这两个外国老太太的样子，忽然就懂得，**所谓芳华绝代，才不是那张永远年轻的脸，而是一颗永不被岁月捆绑的心，和身心永远在路上的生活状态，永远以自己喜欢的方式去生活。**

杨绛先生一百岁生日的时候，我的微信朋友圈被她的照片刷屏。照片中的她早已是耄耋老人，透过满头银发和满脸皱纹，你依然可以看到她良好的精神面貌，能感觉到她的生活状态——岁月静好，从容不迫。

据说，即使在期颐之年，杨绛先生仍然笔耕不辍，写字、读书是她的日常生活；高龄的她每天坚持在家慢走七千步，散步和体操已成为她的习惯；她还喜欢流连于树下，偶尔可以吟诗作对。她在一百岁感言中写道："我们曾如此渴望命运的波澜，到最后才发现：人生最曼妙的风景，竟是内心的淡定与从容……我们曾如此期盼外界的认可，到最后才知道：世界是自己的，与他人毫无关系。"

还有那句"我心静如水，我该平和地迎接每一天"，都是她对生命最好的体悟。

母亲与我的默契是在近些年才开始达成的。她在三十五岁时生的我，所以她看上去比与我同龄的人的母亲要老一些。母亲也很苦恼。

读大学那会儿，我与母亲一起去商店，因为她不怎么注重自己的打扮，所以看起来并不是那么年轻。有个营业员说，叫你奶奶帮你看看这衣服如何。当时，我看到母亲强忍着自己的情绪，她是个很少会介怀别人说什么的人，可是那一次，她真的是脸都绿了。

后来，我每次和她一起看电视，都会有意识地告诉母亲那些与她同龄的女人是如何打扮的，偶尔还会带她去听音乐会、喝咖啡、看电影。一段时间过去，母亲起床后的第一件事不再是洗衣服，而是护肤与散步；不再斤斤计较哪份菜更加便宜，而是关心自己更想吃些什么；她偶尔还会自己出去玩，让我自己在外解决用餐问题。

现在，母亲时常兴高采烈地对我说，她今天又遇到了谁，那个人说她一点儿都没变。我知道，这其中有恭维的成分，但是，母亲变得淡然是真的。她已不再是当年那个坐在家门口一边打着毛衣，一边看着煤炉上的水，永远在慌乱不堪中忙碌的女人。她喝咖啡的时候也变得十分优雅，甚至还会戴着老花镜读读书，然后和我聊聊她读过的小说，竭力描述着里面她所读到的情节，虽然有时候会南辕北辙。

有一次，她问我："我发现自己不那么恐慌了，这算不算开始懂得生活了？"我点点头。世上没有永远十七八岁的小姑娘，就像没有万能的玻尿酸让你青春永驻，广告词里也只是告诉你"延缓衰老"，而不是信誓旦旦地说"永葆年轻"。

其实，我们在喋喋不休地叫嚣着自己年华易逝之时，却没想到

在每一个年纪里，我们都可以活出最好的样子。毕竟，芳华绝代是自己的，是别人抢也抢不走的现世的自己。

人山人海，你依然可以一个人喝咖啡

若干年后，你会发现身上无意间被刻上的印记，就像是随手可以翻看的病历卡，遇到什么问题，该怎么解决，你都清清楚楚。

许多年前，我试着给一个编辑写稿，稿子的题目我早已忘记，但其中有一句话我记得很清楚：“忽然好想毕业，那样就不用徘徊在星巴克外，为三十元钱思来想去，而是能够时不时站在柜台前，习惯性地点拿铁。”

之所以印象深刻，是在这之后编辑的回复里出现了这样一句话，她说：“不过是一杯三十元钱的咖啡，毕业前也完全可以啊，你这样写会不会太low了？”

我以为自己会生气，甚至会暴跳如雷。可最终我还是和往常一样说了一声“谢谢”，然后在电脑前呆坐了二十分钟。

对于一个刚开始练习写作的人来说，被退稿是一件多么正常的事。我感到难过并不是因为被编辑退稿，而是为了那一句“我能在毕业前随心所欲地喝咖啡，你怎么不可以”。

这就好比在一段你来我往的关系中，你忽然觉得被对方从天台俯视了。你在仰望的时候，他说：“你上来啊！”你走到满头大汗，甚至快要虚脱时，才终于到达天台，你想和他喝一杯咖啡，他却告诉你：“对不起，我已经喝饱了，我要做更有趣的事去了。”然后他留你一个人在那里喝他曾经唾手可得的咖啡，虽然在此刻，你觉得咖啡的味道也不过尔尔。

那是我第一次感觉到，在我所走的路上，不是所有人的人生都千篇一律。

生活在一座三线城市，家境中等，整天围着省吃俭用的父母，从小到大一周的生活费最多是二十块钱，哪怕到上大学，口袋里也没有足够的钱可供我挥霍。不是父母不同意，是我的家境并没有达到可以让我随意挥霍的标准，而我也希望自己的财务支出是自己所得，并不是因为其他。

收到S喜讯的那一天，我特别高兴。她跑来与我说，自己找到了一份好工作，顺便把男朋友这个千年难题也解决了。这件事我永远记得。

S比我小两岁，柳眉、细腰，是典型的江南女子。我和她很多年前就认识了。我们成为好朋友，是因为她知道我与她一样，也曾有过一段恐怖而密集的相亲岁月。

前两年，她的噩梦来自于家里安排的相亲。不断被安排相亲，让她开始怀疑自己存在的价值。那些相亲对象一开始见面都是愉快的，但一听说她是临时工，有些人就立刻拉下脸，显示出一副上当受骗的样子。最让她感到郁闷的一次是，那个男人落座后，直接问："我为什么不能在你们单位的名单里找到你的姓名？"S一时无言以对，只说了一句："我是合同工。"那个男人说了一句："那没事了，我走了。"然后立刻拎包走人。

忘了说，S现在的男朋友是一直在追求她的初中同学。男孩子长得普通，可家境很好，S一直不肯接受他的原因是她内心一直很抵触跟老熟人谈恋爱。她后来对我说，见过许多人之后，才知道自己真正需要的是什么。他们有他们的选择，而我也该有自己的生活。

我无意于评价S的选择是对还是错，当然，也并不是在讨论他是否是她的最优选择。但S对我说过的一句话我却一直记得：现在，我可以坦然接受许多事，就是因为在那段时间我已经把这一生能够收到的白眼都收过了。

这些年，我好像也很少再有什么脾气了，并且真的越来越少。前些日子，我遇见了一个老同学。我远远地保持微笑，这是我多年练就的模样。我能看出那个老同学已经认出了我，因为，我从她的眼神中，看到一种遇见熟人时的目光。但她并没有和我说话，只是斜了我一眼，就走了过去。旁边的闺密看出了我的尴尬，使劲地握了握我的手。我说，没事，我只是保持了自己习惯的表情，而她的回应也是她内心的。

其实，我这样的反应并不是因为我的成熟和内心的麻木不堪，只是我开始悦纳遇到的每一件事，感觉一切都是最好的安排，即使是不好的事，那也是对未来的铺垫。这些都终将过去，而我也一定会把经历变成经验。在淡定从容的日子里，一个人甜的时候放盐，苦的时候加糖，淡的时候冲奶，浓的时候倒水，一边喝自己的咖啡，一边慢慢体会。人山人海里，所有的一切都会照亮你前行的路。所以，不必彷徨。

生活这条路，留下了太多煽情的句子，前人的至理名言像一路开过的车刻意留下的记号，告诉你他一路上的心得体会和选择。但许多路，你只有自己走过，才知道脚下的那一条最踏实，并不是随便一个天花乱坠的描述就可以让你放弃的；你遇见那些人的感觉，也不是任何一个形容词可以精确概括的。

若干年后，你会发现身上无意间被刻上的印记，就像是随手可以翻看的病历卡，遇到什么问题，该怎么解决，你都清清楚楚。

再回头说说当初的那个编辑，她已经辞职并嫁到国外了，再联系她的时候，她依旧表示友好。对她我还是心怀感恩的，毕竟是她，让我不再纠结于要跟人保持一种必须对等的关系，而是能接受彼此可以处在两个不同的世界里的事实，然后各取所需地去生活。

生命中我们会遇到许多事，不要总是背到身上，要学会“卸载”。不是因为“腻”了，而是真的需要轻装上阵。有时候你的百折不挠，并不会让事情有任何改变。就像坐在咖啡馆，除去搭讪、歇脚这样的情况之外，两个心猿意马的人，不可能一边喝咖啡一边对谈一整个下午。

小城市的孩子，也请努力奔跑

很多人对别人的成功，总能找到各种看似简单的归于捷径的理由，而对自己的失败，往往归结于运气不好、遇人不淑、缺少关系，而忽略了自己本身的不够努力。

听说我的邻居失业了，真是一个意外。她的母亲哭着跑到我妈这里来说："该怎么办？三十岁的姑娘，至今单身，还没了工作，成天待在家里不出门。动不动就发牢骚，嫌弃家里没关系、没背景、没后台，使她处处受气。总之，没让她过上锦衣玉食的生活，都是这个家造成的。每次吃饭她都板着脸，一天都不说一句话，一说就动气。整个家里阴森森的。"她母亲说着说着就伤心地哭了，显然是因为女儿的不争气，当然也因为自己的无可奈何。

赵小姐和我是从小到大的邻居，她是去大城市读过书的人，毕业后回到我们这个小城市。

小城市有小城市的优势，比如生活成本低、交通便捷、竞争压力小，加之是故土，还能省去一大笔租金，偶尔可以去父母那边蹭一些福利。赵小姐回来，这些因素占了一大部分原因。

当然，小城市也有小城市的劣势，发展空间小，晋升机遇少，人脉圈小，更关键的是工资也会相对少一些。赵小姐回来后，先考过公务员，未进；又考过教师，未进。后来找到我们城市里还算挺大的一个企业，终于进去了。虽然进去了，可是她对企业有着千般不满，嫌弃企业加班，嫌弃领导偏心，嫌弃福利不够好，这些怨气最终导致了她和周围人的关系极其不好，包括她的上级和客户。最后，她成了来这个企业的实习生中第一个被炒掉的人。

她和我说，留下的几个有些是关系户，有些是马屁精，她看不惯他们。所以，自己被炒了也是正常的。

“你努力了吗？”

“不想努力，不想和他们一样，这么小的城市就算再大的企业也没什么前途。”她说得坦然，不过分明是自欺欺人。

小城市的企业没什么前途，这是她为自己不尽心工作找的借口。**很多人对别人的成功，总能找到各种看似简单的归于捷径的理由，而对自己的失败，往往归结于运气不好、遇人不淑、缺少关系，而忽略了自己本身的不够努力。**

赵小姐算是个典型。

实话实说，当今社会人们眼中的好工作无非是两种：一种是有编制的，有编制就有铁饭碗，无关城市大小，要的就是这种优越感；另一种是大城市的白领，风光无限，整天穿着名牌衣服，经常可以出入高档餐厅。

不得不说，同样都是金字塔的顶端，大城市可以容下更多的人，所以机会更多；不像小城市，平民永远游离在金字塔之外。可是，**小城市也因为聚集不了那么多的人才，才能给努力的人腾出更多的空间。**

我的学长王先生，他工作仅仅六年，就已是一个集团的副总经理了。我的学校是所三流大学，论文凭，实在算不上是能拿得出手的。而王先生自己出身农村，上下三代皆是面朝黄土的农民，所以在他身上没有什么背景可言。而他却成功了，他的成功皆源于自己的努力。

他毕业那年运气也不好，没有考上编制，看着别人纷纷去了机关，去了学校，做着看似风光的工作，他觉得自己的人生灰暗极了。不过还好，他很快意识到无论怎样自己都不能消沉，毕竟家里不可能负担他一个无所事事的游民。于是，他进了企业，从最底层的销售人员开始做起，每天没日没夜地跑业务，他几乎把城市里所有的小快餐店都吃遍了。

后来他说，回过头去看，真是佩服当时的自己，是怎么有勇气一次次面对别人的拒绝的。他说，他不甘心一辈子都拿着两千元的工资，至少要奋斗一回，这样才不会有遗憾。

我们常说，在大城市里，是你被城市推着走，所以在大城市工作的人看着很累，却每天都有使不完的劲；在小城市里，是你跟着自己的节奏走，所以你不努力，永远是心有余而力不足地活着。你永远不会知道当你看着电视、吃着零食、发着牢骚的时候，有谁还在坚持努力。你也永远不知道，**当你置身事外的时候，有谁已经悄悄地爬到了某个可以有利于他成长的空间。**

身在小城市，确实有太多的无可奈何，可是，这不足以成为我们碌碌无为的借口。

前两天，我在公交车上碰到一个四年前曾一起坐公交车上班的男人。那时他中专毕业，一脸青涩，来自外地的他甚至连本地语言都不通；可他很努力，早上六点半就出门，坐上一个多小时的公交车去上班，下班也很迟，脸上没有一点儿倦容，笑嘻嘻的，乐观、满足。现在他已经成了一个企业的部门主管，买了一辆代步车（那天正好车坏了，所以没开），在三环外贷款买了一套小房子。他自豪地说，**他赢了那些学历高的人，赢了本地人，因为他确实比较努力。**

有些人总是抱怨自己成长的环境不够好，自己的父母不够有钱，自己的家境不够显赫，他们觉得这是一种劣势。可是，既然你认为这是一种劣势，为何还不知耻而后勇、努力向前呢？

我钦佩那些为了生活而努力奔波的人，至少他们懂得努力，懂

得尝试，懂得生而无憾这个道理。虽然努力了不一定能爬上金字塔的顶端，但不努力一定爬不上。小庙里的小和尚如果想成为大和尚，也是需要经过时间磨砺和考验的，毕竟生活是一种信仰，你不够真诚，它便会让你永远都原地踏步。

所有的江湖都不会白走

你摸爬滚打，最后满身是伤。只有在伤口结痂时，你揭痂不痛，才能庆祝新生。

刚毕业那会儿，我整整住了一个月的旅馆。家远在千里之外，同事关系生疏，周围几十里都见不到熟人。感觉自己就像一个孤儿，每个人都在问“你是谁”，每个人都在友好地与你打招呼，却没有人在下雨的日子为你送一把伞，在你生病的时候陪你去医院。

不过，想到总有一天会离开这座“孤独城堡”，我没有对它要求更多。楼下前台的服务员是个四十多岁精瘦的女人，她好像不爱睡觉，无论我多晚回旅馆，都能看到她在旁边的电脑上津津有味地玩连连看。每次我回来，她都抬抬眼睑问我：“哪个客房的？”

拜托，你脸盲吗？我每天累到想一头摔在桌子上，偏偏还要被人揪住问话，延误我上床的脚步。我恨不得把房卡造成一把弓，放上箭，刺向她抬起的双眼，刺向她张开的嘴巴，刺向她始终记不住我的大脑。想想就觉得痛快。不过，我也只是想想，最后还是憋着气，把包里的卡片拿到前台，竭力扶正快要倒下的脑袋，等着她查看。

作为一个常住客人，却天天被她问着同一个问题“哪个客房的”，我不厌其烦。可我一点儿都不怪她，不是怕被她赶出门，而是同为城市的守夜人，她的黑夜比我更漫长，我用同情她来安慰我自己。

我没有选择回农村，而是固执地留在这座比老家现代一些却始终弥漫着暴发户气息的三线城市，找了一份销售员的工作。我很讨厌通过在市场间周旋，把十元人民币变成一百元人民币的年轻人。他们通过虚假的手段赚了大钱，开上了宝马，在街上飙车，时速超过一百迈，恨不得让全世界都知道他飞黄腾达了。

除了在面试那天，老板叫过我的名字，其他时候他根本记不住我是谁。我面试那天就坐在门口，一百多个和我一样的大学生，为着五个销售岗位而来，像柜台里的一个个商品，精心装扮，等待挑选。

“我们开始吧。好，介绍一下你自己，你是谁？”人事经理的开场白熟练而机械，在老板面前像一个复读机，轮到我面试的时候，他显然已经疲惫，嗓音沙哑。

我装作是即兴发挥一般，把背了一晚上的自我介绍声情并茂地讲了出来，很好，一字不落，无比流利。

经过几个回合的问答，老板忽然抬起头问我：“你发表过文章啊？”

“是，但很少。”

“会喝酒吗？”人事经理从脚下拎起半瓶啤酒，倒了满满一杯，晃荡着递向我。

我没有说话，将酒一饮而尽。我早就有心理准备，据说有些公司的销售岗需要测酒量，我从来没有喝过任何酒，但是作为一道面试题，我只能像回答其他问题一样，毫不犹豫地完成这场测试。

还没等我喝完，人事经理就一脸激动地说："很好，太好了，以后可以帮忙写材料了。"

天哪，写材料和喝酒有什么鬼关系？我舔了舔残留在嘴角的酒，微微地把眼睛眯成高兴的样子，说："好，很愿意效劳。"

我踉跄着走出面试考场，靠着墙，使自己不倒下，至少在公布结果之前不能倒下。不断上来的酒嗝，让我不得不找一个无人的角落蜷着身体休息。

面试的结果很快就出来了，老板站在门口亲自公布答案，没有名单，仅凭着记忆，说出了我的名字。

上学的时候，总想早点离开无聊的大学，然后去赚钱，开跑车，天天出入西餐厅喊"waiter"，有空去高尔夫球场穿上紧身衣，挥起球杆露出一截小蛮腰，管他最后有没有进球。

工作之后才发现，大学时一学期的住宿费只够一个月的房租，出门再也舍不得随便打车，街头奶茶店再也没时间去了，做得最多的运动是走路，每天陪伴自己的是二十元一盒满盒子是油的快餐。

和所有新人一样，为了方便那些老同事随时"使唤"，我的办公桌被放在了过道，背对着热气腾腾的阳台，空调也照顾不到我，每天都要送文件、复印、烧水、倒茶。

“那个谁，帮我去一趟某某公司好吗？”

“那个谁，楼下有个客户的资料帮我取上来好吗？”

忘了跑了多少次楼梯，记不清蹬着高跟鞋的我为此崴了多少次脚；多少次我汗流浃背却不敢去吹冷风，只能奋力为自己扇扇子消暑气。有一次外出办事的地方特别远，我从早上一直跑到天黑。来回的路上，我倒了六趟地铁、四趟公交，用了八个小时；一天我只吃了两个包子，喝了一瓶水；这些都不算，路上还遇到四个“贼”——两个想偷我的钱，两个想偷我的色。我觉得自己像唐僧取经一样，一路上历尽劫难。幸好最终人财无损。善哉善哉！

因为一直被称呼“那个谁”，时间一长连我自己都接受了，以至于到后来，有人一叫“那个谁”，我就会下意识地应一声。

我是真讨厌被人叫“那个谁”，我压抑着自己快要爆发的情绪，焦灼地和顺从的自己对抗着。直到两个月后的一天，我才终于有机会把自己的名字介绍给别人。

有一个客户来单位，这绝对是一个超级大客户，我从来没见过老板的眼睛里射出那么渴望攫取的眼神。老板跟在他身后，像螳螂身后的黄雀，准备随时拿下猎物。他一个个地把单位员工介绍给那个客户，介绍到我的时候，突然卡壳了，现场变得不那么顺畅，但老板就是老板，他一下把尴尬的气氛化为乌有："那个，美女嘛，自己给黄老板介绍一下！"

"我叫林涵，叫我小林即可，多多关照。"

黄老板把手伸向了我，我成了唯一一个握到黄老板手的员工。老板满意地对我点点头，办公室里并不热，老板的头上却冒着细细的汗珠。

总是住在旅馆，心里会充满漂泊感，毕竟不是自己的家。我居无定所，母亲想来这里看我都无法实现。我只能一边抑制自己的情感，一边编造各种冠冕堂皇的理由来搪塞她。

我终于打算去租一个普通的房子。

雅致小区是市区有名的"闹鬼"小区，自从五年前一个三十岁左右的女人在这里跳楼之后，这里就像被注入了一种诅咒，接二连三地会有年轻人从天台上跳下去。小区原来的居民纷纷搬出了小区，他们开始以出租的方式来维持房子的剩余价值——当然了，因为便宜又偏僻，也只能租给那些刚入社会的年轻人。

看房那天我比房东提前到了小区，门口的保安一把拦住了我，拿着褪了漆的警棍在我面前晃：“你是谁？哪家的租客？”

我早已累得浑身无力，又遇到这样凶神恶煞的男人，一下子无言以对：“我是，我是……”

房东的电话拨了几十次都没有打通，急得我背后都是汗，放下行李之后，我坐在保安室门口放声大哭。

房东是个五十多岁的中年男人，整天骑着“小毛驴”，做事极其严谨。他看到泪流满面的我，一边啃着早饭，一边说：“我骑车不接电话，对不起，对不起。第一个月，给你便宜一百元好了。”

我顿时破涕为笑，对于一个只有两千元月薪的人来说，一百元是多么大的福利。我激动地点点头。

你在城市哭，你在城市笑，你在城市坚强地活。若干年后，哭或笑，苦或甜，都不过是桌上的下酒菜。

一年未到，那些曾经信誓旦旦要从三线城市发展到二线城市，再从二线城市走向一线城市的同学，一半都退回到了老家。我几乎把他们所有人都送到火车站，每一个人走的时候，都哭到头也不回，而我总暗下决心：坚决不走。

老池，那个暗恋我许多年的男生也走了。

那是一个傍晚，我跟老板请了几个小时的假，陪他去了火车站。在附近的一家龙虾馆里坐下来，饭馆老板光着膀子，看到我穿着白衬衣，连忙拿出围裙系上：“你，你，你真的好特别，我们龙虾馆里很少有人穿那么正式的。”

老池瞪了他一眼，然后搂着我：“我女朋友，别调戏啊。”

我拉着老池走到楼上，一边吃龙虾，一边喝酒。这是我们第一次牵手也是最后一次，最后一夜，我们不醉不休。

“你不走吗？”老池问我，但还没等我回答，他就接下去，“也好，你走了我得去你老家找你，还不如你在这里，也不会失去联系。”

我低下头，用力地拧掉小龙虾的头，需要比忍住眼泪更用力，才能使自己不落泪。虾黄沾了我一手，还沾在袖子上，我全然没有察觉。

喝了五两白酒，老池的眼睛也红了：“我他妈竟然混不下去了。我拿什么娶你啊！”他拿出车票，对着它发出一阵沮丧又带着一丝悲凉的笑声。

我没有说话，这男人是疯了吧。我把放在面前的一杯白酒一饮而尽，眼泪就噼里啪啦地往下掉，这是我来这座城市以后第二次哭。前一次是我外婆去世，母亲在电话里告诉我这个消息的时候，我在办公桌前还是忍住了，一直到踏上火车，走到座位上的那一刻，我才号啕大哭。那时，车厢里所有人的眼睛都盯着我，仿佛在说这家伙是家里死人了吧。

我拖着老池，拉着他的行李箱。车站的检票员看到我，使了使眼色对我说："小林，你又来了啊？"买了那么多次的站台票，彼此早已成了老熟人。他叫我的名字时，我的内心竟然出现了一种"咱车站有人"的自豪感。

"你好呀！"我的步子一下子轻便起来。老池还靠在我肩头，一直揽着我的脖子，生怕我把他落下。但我一点儿也没感觉到重。

"你等我啊，等我啊，记得等我啊！"老池从车厢里露出他满脸潮红的脑袋，拼命地喊话。我摇晃着和他招招手，胃里早已翻滚，没关系，我终于从毕业时的"一杯啤"上升到了"一杯白"。我蹲下来吐的时候，老池挂在车窗口也开始吐，我们相视而笑。他终于没有再说"你等我啊"。

“你是谁啊？住在哪里？”

门口的保安又一次把我拦住。他用狐疑的眼睛看着我，眼神游离在半信半疑之间。我觉得他有轻度的脸盲症，因为他已经不止一次地拦住我了。

“我叫小林，17幢503的租客。”我看着他，笑了笑。那一刻，我一定是自信无比的。

我每天都很晚回家，每次赶的都是城市的末班车。经过两个半小时的公交，再经过半个小时的步行，最终才到小区。稀稀拉拉的年轻人在这个小区里来了又走，陌生人的面孔一张一张地换。我已经决定要把这里当作据点了。

后来那个保安见到我，还是会不自觉地问：“你是哪里的租客啊？”然后还没等我说出口，就不自觉地说：“小林啊！”

什么趁年轻要潇洒的歌，都是画饼充饥而已。**你摸爬滚打，最后满身是伤。只有在伤口结痂时，你揭痂不痛，才能庆祝新生。**

一个夏天我要涂三瓶大宝的防晒霜。因为我要经常外出，去约见每个客户，向他们推销公司的新产品，请他们为我们的品牌加单。我每天出门都带一瓶水。是的，我想省钱。我把每一条地铁线的站点和附近公交车的路线都熟记于心，在去每一个地方时都能快速换乘。

我开始像一只狼，灵活自如地在丛林里周旋，并充满心计。我开始懂得如何利用自己女性身份的优势，也更注重自己的形象。在那些年龄大一点儿的客户面前，我总把自己打扮成一个十八岁的女生，内向、害羞、清纯无比。遇到年轻的客户，我又会穿无袖吊带，风情万种。我开始在酒桌上主动敬酒，一边喝酒，一边把合同塞到他们面前，彼此交换着筹码又心照不宣。我开始记录每一个客户的喜好，在他们生日的时候，给他们带去惊喜——或约会，或唱歌，或开party。

两年后，我的销售业绩排到了整个公司的第一名，并且保持了一年。

老板把我叫进办公室："小林，我打算把你调到办公室当我的秘书。虽然我会损失一个销售人才，但我需要一个可靠的帮手。现在，我特许你拿单位的住房补贴，租一个离公司近一点儿的房子。"

"谢谢你们三年的陪伴，我从销售岗变为文秘岗了。今后还请多多关照。”我微笑着把这条短信编完，发给过去的每一个客户。

如今，我上下班的时间是同老板一致的，不用再害怕错过最后一班公交而无法回家。我也不用再吃二十元一盒的饭菜。虽然我常常把自己弄得满身油烟味，也煮不出软糯的米饭、做出可口的菜，但我可以随心所欲，并拍些照片发到朋友圈炫耀自己的厨艺。我不用再在公交车上一边昏昏欲睡，一边背着客户的资料。我每天刷卡进小区的大门，再也不用接受保安的盘问，不用再回答“你是谁”之类的机械问题。

母亲打来电话，说想来看看我。过了那么多日子，说了那么多想念，她也没来过。但我现在已经可以理直气壮地说：“可以啊，随时欢迎，想待多久待多久。”

那天，人事经理临时有事，我陪老板去面试新人。那些新人不安而兴奋地坐在我对面，我仿佛看到了当年的自己。

“那我们现在开始面试了。请介绍一下你自己，你是谁？”这是老板要求的固定问话的格式，我不知道为什么，每每说完，我都倒吸一口气。

忽然想起一句话：到什么时候，你也别期望别人主动了解你。你是最该知道自己是谁的人。年轻时走过的路最后都化成了生活的底气时，一切都可以过往不咎，含笑饮下。

我是谁？我叫林涵，今年二十八岁。

你还想知道什么呢，我都告诉你。

愿有人对你知冷知暖，也陪你梦想远方

对于我们来说，最庆幸的，就是自始至终都有人爱着你的梦想，也爱着你的一切，为你遮风挡雨，也愿意陪你浪迹天涯。

P先生来自北美，是一个六十多岁的老头儿，在去往拜伦湾的路上，他一直牵着老太太的手。下车的时候，我才发现，这个老太太的腿有点儿跛，一拖一拖的，像是一个曾经无恙的人膝盖受伤后留下了后遗症。

那一年，我一个人去澳洲，在拜伦湾一日游，这对老夫妻成了我的旅伴，也在不经意间给我留下了最深刻的印象。

老太太说，她与P先生十八岁的时候就认识了，结婚四十多

年。自己做得最长久的事，就是每年至少在全世界跑两趟。如今已经退休，旅行便成了最常做的事。

六月的布里斯班景色极美，湛蓝的天空、一望无际的公路，显得万物澄澈。老头儿一边玩一样地捏着老太太的手，一边对着周遭的景色发出阵阵夸张的惊叫。顽童一样的男人，让身边的老太太哈哈大笑。

老太太指着老头儿说："他啊，是个小生意人，从前的旅行他总是会缺席，五十岁以后，旅行才变成我们两个人的事。我腿不好，这些年膝盖时常痛，幸好有他陪着。"老太太的脸上拱起了肌肉，露出骄傲的笑容，"反正彼此陪伴，痛也不那么担心。"

一路上没什么景点，可他们一路都在拍照。老头儿背着一个相机，牵着老太太的手，每到一处觉得风景够美就站定，像照顾孩子一样，叫老太太别动，然后退几步，举起相机。他是一定要逗到老太太发出爽朗的笑声才按下镜头，他笑着说："拍照这回事，情绪最重要。"

老头儿的身上一直有一种欧美男人的绅士风范，待人友好而有距离，沉默但并不寡言。到了中午，我们在咖啡店休息，彼此也算是略微有一些熟悉了，他说了一句话，大概意思是：她一个人，我不放心，我会陪她去她想去的任何地方。说完，他拿出随身带的咖啡伴侣慢慢倒进她的咖啡里，一边尝一边搅拌，味道差不多了，才把它推给老太太。

老太太笑了笑，一切都好像理所当然，也顺理成章。

那是我第一次看到有一种爱叫“陪你行走四方”。老实说，这之前太多的故事，哪怕是自传，我也总觉得有杜撰的成分，直到自己亲眼所见，才懂得：**一生最大的幸福是，有人为你鞍前马后，陪你实现你的梦想。**

S小姐在和老胡谈恋爱那会儿，每个中午都会去老胡的画廊为他送饭，所以自始至终，周围的人都认为是S小姐追的老胡。

老胡和S小姐是在一个影展上认识的，我一直觉得，这样的展览很容易遇到那个志同道合的人。S小姐也说，她永远都记得第一次遇到老胡时的情景，他端着一张脸，仔细地为她解读一张摄影作品的构图、曝光——画面上是一个烈日下的农民。这顿时让她这个爱好摄影的门外汉觉得技术的美妙在于可以化平凡为神奇。

离开的时候，老胡问S小姐要了电话号码。没过多久，两个人就成了男女朋友，后来一直走进了婚姻。

老胡毕业于一所名牌大学的美术系。毕业那年，老胡并没有一意孤行地去进行所谓的追梦之旅。大多数刚毕业的大学生都像莽撞的孩子，只有在穿越了人山人海之后，才懂得自己想要的是什么，才知道自己应该在哪个位置，扮演着怎样的角色，然后怎样得体又舒服地度过自己想要的一生。老胡没有像他们一样，而是听从了父亲的安排，去了一家企业。

可他渐渐发现，自己内心对工作的抗拒变得越来越强烈，或许只有在这种对立的冲突中，他才可以听到自己真实的心声。老实说，他从不迟到早退，也完全能应付一些文件和材料，还经常得到老总的表扬和同事的赞许。可他总觉得自己是离不开画笔的，每一次敲着键盘写一些总结材料的时候，文字都会变成一幅幅画在他脑中此起彼伏。而埋藏在心底的那个梦想，就像是一条鱼，总是翻江倒海地出现在他的心里。

老胡与父亲说，自己想辞职开画廊。父亲却呸了一声，紧接着抛下一堆的丧气话；他与母亲商量，根本无济于事；与朋友说，他们都摇摇头，然后躲得远远的，生怕他会开口借钱。他最后才告诉S小姐。

那个时候是他离开工作前的最后一段时间，一切都是未知数，老胡显得极其紧张和焦虑，就像一根绷紧的皮筋，随便一碰就会断裂。老胡说："每天都做噩梦，梦醒了，又要上班，晚上睡觉又继续做噩梦。"他已经做好了孤注一掷的准备——S小姐可能会离开他。

"S，我要辞职了，开画廊。"老胡说。他当时真是紧张极了，嘴唇和心都在颤抖，眼泪已经随时待命，就等着S或不同意，或转身走开。

可没想到，S竟然毫不犹豫地说："可以啊！"

老胡猝不及防。

第二天，S小姐就把自己工作五年的积蓄都给了他，一共二十万元。

"你知道吗？那一刻，我忽然觉得自己要像一个男人一样肩负起自己和她的未来了，虽然她自始至终都无怨无悔地为我做事。画廊刚创建不久，里面只有我一个人，她就每天为我送饭，为我买各种生活用品，每周末来为我打扫工作室。有些时候，我回去太晚了，她在家还会给我准备好消夜，而她自己早就在沙发上睡着了。"

这些是不是很像电视剧里的镜头？可一旦出现在你面前的时

候，你会感到一种难以抗拒的温暖。

现在，老胡的画廊算是风生水起了，他没有告诉我一年可以赚多少钱，也许是商业机密吧。我两年前进他的画廊时，整个画廊还只有二十平方米，到现在已经扩展到四十平方米了，车子也新换了一辆，可以看出他是赚钱了。唯一不变的是，他还是那个被S小姐温暖着的他。

有一次，我的先生老陈问他，身上的衣服是从哪儿买的。他笑笑："不好意思，是S小姐买的。要问我身上的衣服从哪儿买的，我还真是一样都说不上来。"

他笑得像个孩子，羞涩又自豪。

再说一件我自己的事，其实，也不知道该从何说起。

那是我和老陈恋爱后的第六年，结婚后的第三年的开端。许多认识老陈的人只知道他沉默寡言，其他的都不太清楚。至于志趣，他与我唯一相投的就是能吃到一起去。

不过老陈一直坚持着两件事，让我特别感动：第一件事，每逢降温或者天气变恶劣，他都会给我打电话，告诉我该怎么做。比如，最近一段时间，我们这里降雪降温，据说是三十年来气温最低的一次，然后老陈中午一个电话，晚上一个电话，告诉我要多穿衣服，出门戴手套，早上开车前一定要检查车子，把发动机发热了再开车。老实说，我是很讨厌别人对我喋喋不休的，但我终归是感谢他，虽然异地，却时时对我牵挂。另一件事，他每周或隔周回家，总是会给我带一些小礼物，有时候礼物很小，很可能只是他们单位小卖部里的一包薯片，他会放在客厅，当作是一种惊喜。

我想说，我和老陈的生活很平淡，平淡到真的都已经完全融入柴米油盐酱醋茶的世界里，但又总觉得在日复一日的生活中，彼此给予的温暖，是那么难能可贵。

老陈知道我喜欢写作，所以平日里我躲避家务最好的理由就是写作，老陈也已经默认了。每一次他回家吃完饭，我就躲进书房，他就一个人把厨房里的锅碗瓢盆都收拾干净。我每次写完的时候，他一定要成为第一个读者。有一段时间我写小说，他花了整整一个晚上，写了满满一张纸评语。当然，几乎都是意见，只有最后一句是鼓励的话，两个字：加油！

他时常与我开玩笑：如果有朝一日能开读者见面会，记得给他留第一排的座位，因为他要为我倒水、擦汗、带头鼓掌。

而我总是笑，虽然不知道会不会有那么一天，但听到他的话我还是会异常感动。

我想说，关于写作，我从来不在乎什么是成功什么是失败。我更喜欢博尔赫斯的那句话：我写作，不是为了名声，也不是为了特定的读者，我写作是为了光阴流逝使我心安。

要多谢老陈，在这段心安的日子里默默地分担了我的一切。

张小娴有一句话说：他爱你，什么都容易，他会来感动你。

而对于我们来说，最庆幸的，就是自始至终都有人爱着你的梦想，也爱着你的一切，为你遮风挡雨，也愿意陪你浪迹天涯。

再往后，在每一个冷暖自知的日子里，我们都能温暖而微笑地望着彼此，不离不弃，这就已足够。

* 第四章 *

谁的人生不是伴着爱恨纠葛？

现在想来，我们除了留不住岁月，还留不住青春时的自己。

那些爱恨纠缠
都会成为你未来的展览品

你的过往充盈饱满，藏在任意一个角落，哪怕不显眼，都格外动人。

与好友聚会，总会有特定的话题，这次的主题是“最委屈的事”。话题一抛出，我便沉默了。

他们都说完了，最终轮到我。圈子是有规则的，秘密不能单向获取，痛苦也是，彼此交换才能长长久久地相处，否则自动出局。我想了想，还是说出来了。

其实，在我心中一直埋藏着一段不敢提及的往事。那是一场莫名其妙的“被早恋”，使我在初中的岁月突然陷入囹圄。当时，我忽然觉得自己只剩一个人了，父母、同学、老师，都站在了我的对立面；我被高高地翘起，在跷跷板的另一端，有一种随时会坠亡的恐惧。

“被早恋”并不可怕，可怕的是对象是隔壁班最优秀的一个男生，别人的各种言论让你不得不承认你配不上人家，然后你还只能哑然失笑。

我至今想不起来事情的原委是什么，当时好像是被人问了一句“你觉得他怎样”，我说“挺好的，是我喜欢的类型”。于是，我便被卷入这场可怕的误会中。

我整整一个晚上被母亲关在门外。她对我很失望，不容分辩地烧了我带锁的日记本。其实，日记本里什么都没有，除了我每天的心情。可被问到此事时，我一直在哭，母亲便认为我是默认了。老师把我叫进办公室，生怕我影响了他们心中那个好学生的学习，叫我放手。我说我并不喜欢那个男生，可老师不相信，说我在狡辩。

老师的话让我委屈得想哭，可我却什么都说不出来。讷言的我第一次知道不懂表达的自己是多么无助，只能不停地点头。

因为此事，那个男生陷入了一种恐慌，其实我也是。至于同学们，他们并不愿意跟一个被老师否定的女生在一起，虽然她成绩还不错，并一直处于前列，可是，这个并没有用。在那个男生出现的时候，他们永远会斜着眼看我的表情，攫取我的不安，然后起哄。

那段时间，我每次下课都只能读书，我不敢发呆，发呆让人更加恐惧。我记得我怎么都不敢随意对视别人的目光，就连走路我都是走在最后一排，抬眼盯着的永远是别人的后脑勺。

因为这件事，毕业便成为我期望已久的解脱。我不写同学录，离校的时候没流一滴眼泪，然后想将这段经历彻底从我的心里删除。

我惊诧于自己的勇气，竟然没一丝遮掩，一股脑儿地把所有的事情都腾倒在众人面前，甚至说着说着就笑了，然后继续说。这之后，又是一阵沉默。

那天晚上聚会结束，许多朋友给我发信息，无非都是些安慰的话，其中有个人说："这是我第一次听到你讲悲伤的故事，我想不出你当时的样子，与如今你的形象那么'违和'。"

我说："没关系，都过去了。"

我不知道自己怎么也学会用这种云淡风轻的语气去回答别人的问题，但是真心可见我早已释怀。虽然回忆的过程犹如抽丝剥茧，让我内心一直在挣扎，想着要不要违心地换说另外一件事。可当我说出来这件事以后，所有我认为痛苦的、委屈的事，就像被放在阳光下一样，豁然释怀；那一刻，一切过往都已经成为展览品，供人欣赏，供己缅怀。我不悲不喜，却又珍惜万分。

2015年8月，刘若英携新书《我敢在你怀里孤独》回到公众视野，这是她产后复出第一次露面，有的媒体自然不会放过“陈升”这个话题。

许多人都知道，奶茶（刘若英）曾在侯佩岑主持的节目上数次落泪，难以控制激动的情绪去表达自己对师傅（陈升）的喜欢。那句她在情绪失控时说过的话“如果我飞远了，你可以拉拉线啊，风筝的线永远在你的手里！你一拉线，我就会回来的”已经成为经典。所以，媒体对他们感情的描述也丝毫不节制。多年之后，每次说起刘若英，都不放过陈升这个话题，他们已经被牢牢地绑在一起。

得知刘若英结婚，看到她幸福地在微博上晒怀孕照、晒孩子照，大家才渐渐地发现她终于回归到一个已婚女人的角色，虽然提到她的名字还是离不开陈升。不过，她对此并不避讳，她说自己坐月子期间，升哥升嫂都来看过她，并表示以后还会与他合作。或许这只是一种客套，可客套又怎样，时过境迁，在此消彼长的生活琐事中，陈升早已慢慢成为过去时，她现在在媒体面前开始谈写书、谈婆婆、谈小孩、谈婚姻之道了。

那个周末，我碰到一个许久未见的老朋友。因为许久未见，所以对她离婚的事一无所知。

“你和老姜如何了？”我随口一问。

“我和他早就离婚了，我现在一个人住。”她回答说。

正在开车的我大惊失色，猛地来了个急刹车。他们是大学同学，后来一路走到结婚，婚姻对他们来说就是水到渠成，一切顺理成章。可万万没想到，他们会离婚。

“如果是刚离婚那会儿，你问我，我兴许会哭，会说不下去，会受不了，但现在真的没关系了。”

“我无意戳你的伤疤。”

“没事，伤疤也会结痂，不过是快一些慢一些罢了，最后不过是成了一种标记。”

关于离婚的经过，她淡淡地说，我静静地听。听起来，她好像在讲述一个与己无关的故事。

对于一个自信心极强的女人来说，男人出轨简直是奇耻大辱，离婚是不可避免的事。离完婚，她站在二十楼的天台往下看，顿时感到一切都是灰暗的。如果没有母亲那个偶然的电话，或许就没有现在活着的她了。

还好，还记得请假。她回到屋里洗了把脸，向老板请了整整一个月的假，在家整整关了一个月。发现自己怎么也绕不开那个自杀的想法，她只好去心理医生那里治疗，半年后才终于康复，从阴影里走了出来。

我能听出，她依然有那么一点不甘与不舍。等她说完之后，我赶紧开始了下一个话题。

她的遭遇不可笑，真的，人有时候的行为，不是因为幼稚，而是因为绝望。

多少次走在深夜的街头，我总是能看到一些在路边大哭的姑娘，每个都哭得撕心裂肺；也总会在酒吧门口，碰到那些摔着啤酒瓶，把自己割到鲜血直流的女孩。那些郁郁寡欢而站在高楼想跳的男人女人，难过的时候，就算看到万家灯火，也不会觉得有希望，只想早点了断此生。

工作、生活、感情，这个世界真的有太多的烦恼、太多的痛彻心扉。到了那一刻，他们不看开始只求结束，无可厚非地想要逃离，逃离，逃离,不管别人觉得他那样做值不值。

打磨，所有的一切都要受到时间的打磨；什么痴和傻，到最后都得变正常。若干年后，眼前的一切早就成为可以被人欣赏的旧物，而你整个人都带着自豪，就算有过血和泪又如何。

张爱玲说：“在人生的路上，有一条路每个人非走不可，那就是年轻时候的弯路。”

每一个人的爱恨纠缠，都是必经之路。走过了，便是你的人生；没走过——不，很少有这样的可能，不过是走得快或走得慢而已。当你一幅一幅回看人生的画面，你会发现但凡有往事可回首的过去，都是充盈饱满的，就像是一场个人展览，展品未必件件珍稀，却是你用人生雕刻出来的朴实的一切。你的过往充盈饱满，藏在任意一个角落，哪怕不显眼，都格外动人。

留不住自己才最伤心

在年少最懵懂的时候，我们无话不谈。可又在青春期刚觉醒的时候，分道扬镳。

大概是前一个月，我在街头遇到一个许久未见的好友。刚碰到的时候，两个人激动得几乎要抱在一起了，只是碍于性别差异，不得不克制自己的激动。于是，我们临时起意，跑去喝咖啡。

我们确实很多年没见了，至少十年。

从前的日子慢而陈旧，说起来，那些毕业留言之类的，最后都不知道丢在了哪里。然后呢，许多人就只存在于记忆里，不再联系。

我和他是在少年宫认识的，那时，我们都坐在最后一排。**在年少最懵懂的时候，我们无话不谈。可又在青春期刚觉醒的时候，分道扬镳。**

但可以确定的是，我们还记得彼此。至少我对他是有过少年崇拜式的喜欢的。

他开玩笑地说："想不到过了这么多年，你已经长成一个亭亭玉立的姑娘了。"

我知道他是调侃，接着他的话说："你是不是很后悔当初不喜欢我？"

他笑了笑，沉默了一阵："当年，真的是当年了。时间真快啊！"

我以为自己会很激动，会一直很激动，说不定一不小心会失控而大哭。而事实上，我轻轻搅拌着咖啡，和他说完这些年在哪里工作，又说了结婚和生子的事后，两个人就沉默了，不知道该说什么，也不知道从哪里说起，更不知道彼此的交集究竟在哪里。我发现，或许和我一样，他也感受到了彼此之间那种陌生的气息，渐渐地在从前的熟悉感中升腾、浓厚起来。至于剩余的情感，早就需要重新再来。我看到他的眼神突然迷乱了起来，茫然而不知所措。

两个人的尴尬一直到最后才慢慢化解。我忽然想起了张爱玲的小说《半生缘》中曼桢和世钧若干年后相见的样子。自然，我和他不是曼桢和世钧那样青梅竹马的关系，我只是说同样的那种感觉，真的是“回不去”了。

有一段时间，我疯狂地喜欢水木年华的一首歌曲《中学时代》。这么多年，在我的心底，我最好也最难堪、最痛恨又最爱的时光就是中学时代，它占据了我生命的六年时光。而也是这六年，我开始懂得，在**一个人的光阴里，时间最磨砺人也最考验人，最让人伤怀也最让人感恩。**

我上初中时身体开始变胖，雌性激素在十四岁的时候狠狠地在我身上肆虐，以至于我看到初中毕业照总有种想撕掉它的冲动，随之而来的，是我的自卑以及自我意识的觉醒。

骨子里，我是一个很内向的人。如果该庆幸的话，就是庆幸我慢慢变得愿意说话。我跟许多人说过我五六岁的时候，一度内向到每每在路上碰到同学叫我名字，就吓得赶紧跑。于是班主任以为我有抑郁症，告诉了我的家长。初中时代，我开始有了心理在稚嫩与成熟间的急剧转换。

你知道吗？个中滋味，现在想起来都让我觉得奇妙。

我第一次在所有人面前顶撞了一个冤枉我的老师。那是一件很小的事。前一节课我们刚考完自然科学，后一节课我忘记把自然科学的书放进抽屉里，于是老师认定我在看自然科学的书，一把收走，并说了一句："还没完没了了。下课到我办公室里来。"在我的学生时代，感觉老师争夺资源的方式就是不允许在他的课堂出现其他课老师的书，否则就是"大不敬"。那一刻，我站了起来，说："还我。"所有同学都看着我，成绩略微偏差的倒是有一种幸灾乐祸，可能心想：你这个好学生也有今天啊。我之所以说是顶撞，是因为我是当着课堂所有同学的面，大声表达了我不愿意服从他。换作是现在，我想，我定会吞了这一口苦水，然后不解释，悻悻地去老师办公室道歉。可那时，我拧着头始终不肯承认自己的错误。想来还有一个原因，我也想以此来掩盖自己的自卑、发泄心中的不满。那学期，我考了很高的分数，但没有成为入团的考察对象。

我第一次喜欢一个男生也是在初中的时候。可是，我自始至终都不敢把这个人的名字告诉别人，而总是用另一个男生来掩饰自己的不安，以至于到最后连我自己都分不清最初暗恋的是哪一个。我还偷偷做过许多事，比如课间操的时候，会不自觉地瞥向他们的班级，然后在老师来的时候，佯装系鞋带；我假装不经意地走过他们的班级，只是为了多看他一眼；我偶尔会在散步的时候，在他家附近逗留，真的，我不知道他家的具体位置，可后来，我在那附近，确实无数次看到他出没，而他也友好地和我打招呼；自然，我没有放弃任何一个在他面前表现的机会，甚至在他看我一眼的时候，心里小鹿乱撞。

说到这里，我想起前些日子一个单身好友说过的一句话：如今遇到再喜欢的人，也不会如从前一般飞蛾扑火，爱着他的一切，甚至于满足他的一切。现在会理性思考彼此的关系，好像是把感情放在了一把秤上，只追求平衡，而并不希望将他高高放在心里。

青春时的情感，说起来真的很奇特，你就是特别想见到他，甚至他会无数次出现在你的梦里，可你又不敢当面告诉他。他就是你心里的一个秘密，在你青春期觉醒的途中，情感来得快而浓烈，甚至让你不甘于平心静气。这样的感情就是第一次的爱恋。人的第一次爱恋，总是慌乱而直白的，于感情而言，他在你的标杆上；如果有可能，在未来的某一刻，你也愿意为他粉身碎骨。

最近我特别喜欢一部电影《既然青春留不住》的同名歌曲，和《同桌的你》以及《匆匆那年》一样，也是缅怀青春的曲子。在这部片子最后，响起那首歌的时候，我忽然泪流满面。我大概是全场唯一一个看到哭的人，那些至今仍然失联的好友的面庞一张张地印在我的眼前，我想起那个青春时代的我，以及与那些脸庞深深浅浅的交集。

至于我和我的先生的故事——我和他是高中同学，神奇的前后桌。

我们最开始恋爱的时候，每天都写信。那时他是飞行学员，学校实行军事化管理，让他经常只能在很冷很冷的夜里，排很长很长的队给我打电话，而每次电话都没有超过两分钟。用他的话说，他把所有能打电话的时间都给了我。而我，用那些年赚来的稿费给他买了手套、围巾、帽子，虽然他说他根本用不上。

我不管不顾地攒钱，我想去长春见见他，可还没攒够钱，我们就分手了。分手的原因很狗血，就是路途远，彼此都确定不了以后的方向。

若干年后，我和他都还单身着。他回来找我的那一刻，我很高兴。可那时的我已经二十五岁了，用母亲的话说，也到了该定下一个人结婚的时候了。不知道为什么，我开始关心起许多世俗的事——柴米油盐、各自的父母、未来的生活。

后来先生问我："如果我达不到你生活的最低要求，你会不会和我在一起？"那一刻，我其实不确定，如果他达不到我的底线，我会不会依旧如从前一般不管不顾地和他在一起。至少如今想来，还是如此。

许多人知道，我很喜欢三毛。她有一句话是：**人之所以悲伤，是因为我们留不住岁月；而更无法面对的是有一日，青春，就这样消逝过去。**

现在想来，我们除了留不住岁月，还留不住青春时的自己。

面对岁月，我们总是说着同一句话“不忘初心”，可我们也总是变幻着自己的方式，拼命美化自己的不堪。有人说这样是世故也好，俗气也罢，而我只想说，这或许就是“成长的代价”。

如果留不住青春，但愿我们留得住自己的真诚。

路途遥远，面具戴久了总会掉。不如自在，方得始终。

当你发现自己不再年轻时

……………
一旦有人提醒你自己不愿意正视的年纪，让你赤身裸体地站在时光下，其实也是你享受人间阳光的开始。

有一天，母亲拿着镜子坐在餐桌前发呆。她照了照眼角，抬起头又看了看下巴。她看到我站在身后，不好意思地笑了笑，然后感慨地问："我是不是老了？"

我说："还好。"

母亲现在已经很胖了。每一次抬头，她脸上的皮肤都会一阵颤动，眼角的皱纹早已呈现为沟壑。其实，母亲年轻的时候也是一个美人，大大的眼睛，水灵而动人，皮肤特别好，很白皙，一直到现在都是。

母亲说："你撒谎，我仿佛看到了从前我妈的样子。每次一笑，镜子里浮现的仿佛都是她的样貌。"

母亲从前很少在意自己的容颜，我偶尔开玩笑说她老的时候，她还自信地说："我可没看出来，从前认识的人碰到我都说我还是老样子呢！"

那一次，是我第一次看到母亲眼神里流露出对于自己年华老去的接受，虽然她并不情愿。

我读杜拉斯的《情人》时很喜欢里面的一句话：我爱你如今凋谢的容貌胜过你昔日的红颜。可我那天想的是：之后所遇见的美丽或许真的不及曾经的你，因为老去是一件自然而然又不需要提醒的事。

最初开始写作的时候，我还在大学里。那个年代，我读严歌苓的书，读张爱玲的书，读马尔克斯的书，也看莫奈的画册。偶尔在"海投"稿件后，我侥幸被编辑发现，编辑会问我年纪，我说："我是1987年的。"编辑说："真年轻啊！"我那时心想：二十岁了，我终于也活到了奔三的年纪。可心里还是自豪的，比如她会告诉我，你是我们版面上最年轻的作者。这种带“最”的字眼里大多包含着极大程度的肯定，人终归不能免俗。

后来很长一段时间里，我与许多编辑建立了合作关系，她们大多比我大，一些亲密的，我便叫姐，并且叫得顺理成章。而一些新合作的编辑，我也以同样的方式，慢慢地从“老师”喊成了“姐”。

一直到今年八月的时候，长期合作的一家报纸的编辑突然离职，她给我留言，说了下一个负责我稿件的编辑的QQ号。我加那个编辑QQ的时候，看到她介绍里说她是1992年的姑娘，刚开始不敢相信，又问那个编辑，她说就是她，一个90后。虽然90后都已到了可以结婚的年龄了，可对于一个还在叫编辑“姐姐”的人来说，我刚意识到自己才是那个“姐姐”。

许多天前，有人跟我说“宁泽涛”，跟我说“TFBOYS”，我渐渐发现，许多年前，那些电视里的演员还是叔叔阿姨，渐渐地，变成了哥哥姐姐，再渐渐地成了同龄人，然后就成弟弟妹妹了。其实，这么多年来，我对于年纪的概念并没有那么清楚，我甚至常常记不得自己究竟活到了哪个年纪，只是在一年年的新年中，重复着一年年的旧年，然后干着该干的事，工作、结婚、生子。但我想说，时间真的是一把杀猪刀，它在不经意间摧毁你的容颜时，也理所当然地让你看到沧海桑田，而绝不是你选择遗忘一切，一切就都可以停滞不前了。

我们不得不承认，年轻真的是一种资本，有大把的时间供我们挥霍。而突然有一天，你发现自己除了一把年纪还是一把年纪的时候，也无妨，**你可以把这一把年纪扎成许多个小辫子：一束是生活的回忆，一束是友情的光阴，一束是爱情的回首，一束是未来的期待。**

得知时光是如此无情和残忍，我好像并没有过于悲伤。**我极其喜欢在知道真相以后接受这样一种现实，至少让自己不至于永远无知无畏地生活。**

一旦有人提醒你自己不愿意正视的年纪，让你赤身裸体地站在时光下，其实也是你享受人间阳光的开始。

那天，我出门的时候，一个高中生叫我阿姨，旁边的男孩提醒他说："应该叫姐姐啊！"高中生还是执意叫阿姨。

好友问我：“你不生气吗？”我说：“不生气。”

某一个年纪总会开始，某一个年纪也总会结束，不过是早与晚而已。虽然我是真的不愿意承认，自己早已走在奔三的最后一年。有人会因此恐惧，我却很愿意接受，**时光可期，岁月也可回首，一切都无妨。**

论普通朋友的正确打开方式

生活中的我们，在普通朋友和好朋友之间来回奔走，常常迷路。然后呢，一路哭，一路去找回家的路，最后还得要许多个拥抱才能够平复内心的失落。

朋友分两种，一种叫好朋友，一种叫普通朋友。

好朋友是没有标准的，但普通朋友是有标准的。什么是普通朋友？就是只在彼此见面时会点头，不见面时根本想不起对方的那类人。你可能有他的微信、微博或者电话，你们存在于彼此的朋友圈名单里，但你最多只是在看到他朋友圈有新鲜事的时候去点个赞，不见他的更新也不会刻意点入他的主页，短信也不常常发，打电话更是少之又少。一旦有人提起他的名字，你还是会说：“噢，我认识，是我朋友。”

其实，许多人对普通朋友这个概念一直都是模糊不清的，时常会在有困难的时候，把普通朋友当作好朋友去求助，在困难解决之后，又让对方回到普通朋友的位置。你真的相信，一个不常联系的人会因为你的一通求救电话，而愿意为你奔波、为你忙碌吗？你真的相信，他会因为你这个无关紧要的朋友，而放弃那些实实在在的可以改变他生活的利益吗？

我家里有个亲戚，为了让孩子上学方便，想租我家附近的房子。前段时间他特意来找我母亲。

母亲得知曾经的老邻居有一套房子租期已到，即将重新出租，便揽下了这个差事，且信誓旦旦地说：“很快的，下周就可以来住了。”一副“包在老娘身上”的架势。

母亲的自信是有原因的。毕竟我们两家曾经是八年的邻居，后来他家搬走了，虽不常联系，但他每回来收房租，都要来我家喝杯茶，叙叙旧，一坐就是两三个小时。能坐在一起喝茶的，至少算得上是普通朋友了。

母亲给他打电话，大家寒暄了几句，一副“朋友重见，分外激动”的样子。母亲说：“啊，我们想租你家的房子。”

邻居突然不说话了，过了一会儿电话里才有声音：“不好意思，我那房子已经放在房产中介了，你可以和他们直接联系。”

母亲愣了一下，原本以为可以商量价钱的，现在竟然连中介费都避免不了，底气一下子少了一半：“我们想租三年，可不可以……”

母亲没再说下去。她总想把房租谈得便宜一些，倒不是真的为了那点钱，而是对那份“因为是朋友，所以给面子”的友情价充满期望，哪怕只是便宜一点点呢。

迎来的又是对方的一阵沉默。过了好久，邻居才慢慢说：“这个，这个……哦，我有事去忙了，你跟中介联系就好。不好意思啊，再见。”

挂电话的那一刻，我看到母亲一脸惨白，据她后来说，当时的感觉像是一个孩子被突如其来的大雨淋湿了，手足无措地站在雨中，被浇得透心凉。

结果可想而知，亲戚没能租成这套房。在很长的一段时间里，母亲出门都会故意绕开那套房子走，或许看一眼心里便如针扎一般难受。

在这件事上，我与父亲的意见出奇一致。一是，母亲高估了自己在他们心中的地位。于对方来说，我们就是一个普通朋友，一个曾经的邻居。他收房租时顺便来我家，或许只当是闲暇时进了一个免费茶馆，各取所需地消遣时光。二是，对方也没必要因顾及面子而给优惠价，大家天各一方，早已不是抬头不见低头见的近邻，交集几乎为零，如果他不刻意来我家，大家一年都没有见面的机会。这样的关系就决定了你的重要性难敌金钱的分量。所以，这样的结果早在情理之中。

我老公在他朋友圈里是出了名的热心肠，经常借钱给别人。倒不是因为他人傻钱多，而是因为太重义气。当然，别人有各种五花八门的借钱理由。比如，有人家里造房子了，他出手借给人家一万元；有人要结婚办喜宴没钱，他出手又一万元；有人要买车了，他出手依然是一万元……到我们结婚那会儿，就看到他一笔一笔地往回要钱，感觉他简直是宇宙无敌慈善家。

但是，他借钱是有标准的，那些许久不联系或者只是点头之交的朋友，除非十万火急，否则无论钱多钱少他都毫不犹豫地拒绝，没有任何多余的解释，就俩字：不借。

有一次，一个高中同学可能是突然发现身上没带钱，一时又找不到银行，正好在他单位附近，所以就来找他借一千元。他说：“不借。”之后，那个人就把他的QQ、微信都拉入了黑名单。

“为什么不借呢？”

“如果我把钱借给了他，过一会儿，我需要用钱了，我最好的朋友需要用钱了，我找谁借去？”

“那要用不上呢？”

“那万一呢？”

三毛有一首短诗《朋友》，里面写道：朋友还是必须分类的——例如图书，一架一架混不得。过分混杂，匆忙中急着去找，往往找错类别。

生活中的我们，在普通朋友和好朋友之间来回奔走，常常迷路。然后呢，一路哭，一路去找回家的路，最后还得要许多个拥抱才能够平复内心的失落。

之前，有一个小姑娘在我微信公众号的后台向我哭诉，她说自己要毕业了，想让朋友们在他们自己的学校做个问卷调查，结果朋友们一个个都拒绝了她，她很伤心。

“同学吗？关系好吗？”

“不是同学，是在老家实习时认识的朋友，都加了微信的。”

“别难过了，他们只是没有你预期的那种情分，可不帮你也不过分。”

遇上一个普通朋友是缘分。但这种缘分大多仅维持在遇见彼此的那一刻，只有在当时才有效。

我们的友情也需要一个归宿，那仿佛是和好朋友一起建造的房子：我们可以一起吃饭，一起睡觉，一起看春暖花开，一起度夏日蝉鸣，一起感受秋风习习，一起躲避天寒地冻。

普通朋友不是你想用就能用的。

普通朋友间的那时那刻的缘分，是你今后使用不了也动用不了的。他们就像对你免费的博物馆，可以笑语盈盈地供你参观、供你欣赏，但最终也止于参观和欣赏，别无他用。

分寸感，到底有多重要?

所谓分寸感，就是在循序渐进中走进对方的世界，在试探中细水长流。尊重彼此的空间，又在彼此交叠的空间里深爱，天长地久。

第一次遇见她，是在一个婚礼上，她坐在我身边。对于陌生人，我一般会友好但保持距离，也就是微笑、点头、你好、再见。

但她不一样，她是一个特别热情的姑娘，与她在一起，你根本不用担心找不到话题，她一个接一个地抛出问题，你只需要回答完所有问题，就可以撑完全场。

因为和她离得最近，我们互相留了电话。

后来，我们私下里相约吃过一次饭。

那一次，她问了我许多问题，显然都是寒暄的标配，比如在哪里工作，平时做些什么，晚上无聊的时候干什么。我们聊了很多，几乎毫无保留。

“你父亲是做什么的？”“母亲曾经从事什么职业？”她问我这些问题的时候，我的内心感到一丝不适。但我和她也算是朋友了，所以也并不介意告诉她。

我没有直接回答，只模糊地说：“我父亲是会计，母亲退休了。”

“你一个月收入多少？”这个问题一出来，我彻底产生了抵触情绪。但碍于一个女孩子的面子，我笑了笑。

“那你找工作有没有托关系？”她问。

“没有。”我回答得直接。我可以感觉到，自己当时在拼命地掩盖着一种尴尬和无奈。这样的尴尬和无奈，大概是因为她的逾距。说真的，就算彼此是最好的朋友，这些问题也不是轻易可以提问的，更何况我们只是刚刚认识，而且只见过两次面。

她好像察觉到了什么，赶紧结束了以上话题，顺利地过渡到了下一话题。这顿饭我们吃得都很不愉快。在此之后，她每次与我联系，我都会找各种借口搪塞过去。

我问过女友Shelly："如果有人问你这些问题，你怎么回答？"我想知道，自己是不是过于敏感了。

女友说："不窥探别人的隐私是起码的教养，哪怕是自己的朋友。"聪明的人，都懂得什么是分寸感。

也是，我和女友已是十多年的朋友了，不算闺密，但常常联系。一直到最近几年，彼此才偶尔提起收入，才知晓彼此的家境，我们也有聊不完的话题，但我们从不随意打听对方的隐私。

所谓分寸感，就是在循序渐进中走进对方的世界，在试探中细水长流。尊重彼此的空间，又在彼此交叠的空间里深爱，天长地久。

我很喜欢一个比喻，就是把生命中来来往往的人，称为客人。

东野圭吾的小说《戴着面具的人们》中有一个细节，因为服务员对一个年轻女性独自住酒店产生了好奇，酒店里的经理就叮嘱了一句话："我们酒店的客人都是戴着面具的，一个叫作'客人'的面具，绝不要试图揭开面具。"

其实，生活中你遇到的每个人都是你的客人，只是来得多与少，我们要尊重他们每一种形式的存在。

比如说那些普通朋友，大多都是被束之高阁的。有些人只是暂住两三次，最后只留下电话号码，下一次碰面，或许只记得对方的名字和面容，情况再差点儿，一切就都模糊了。这些人，你很少见，也很少记得。

好朋友呢，就是那些常常与你来往，于是成了熟客的人。你们可以谈笑风生，也可以坐下来一起吃饭，你们可能知道对方的脾气和习性，也不太拘束。你们也会说，常来啊，常来啊。在你心里，她离你很近，常常是不经意间就能想到。但你们终究不是那个难过时可以第一时间向对方倾诉的人。

还有极少的一些人，就像是你的VIP了，她们是你的闺密，你们对彼此了如指掌，你们可以在彼此允许逾越的地方随意翻看对方，你们无拘无束，在触手可及的地方随时等着对方。

这些事情让我想到了一个词——分寸感，就像人们常说的“自知之明”。首先，你知道自己是谁；其次，知道在别人心中你是谁；最后，你才能决定，你可以做什么，可以问什么。

回到刚才说的那个女友Shelly身上。在我们的朋友圈里，她的好人缘是有目共睹的。我们对她都有一个共同的感觉：有分寸感。

初见时，你能感觉到她既有狼的灵性，也有羊的温顺。坐在你身边，始终彬彬有礼，恰如其分。她笑着面对每一个正在说话的人，好像时刻观察着大家的情绪。后来她说，如果眼前都是陌生人，她没有任何兴趣知道别人的事，世界上陌生人那么多，这没有任何意义。

与她见过两三次面之后，我发现她谈得最多的都是她所喜欢的，比如美妆，比如健身，比如美食。这些话题是她可以和许多人都谈得津津有味的，无关她自己。她不会让你走进她的私人领地，也从来不会越界到你的世界。

半年之后，我和她会偶尔谈点工作上的事，但绝不用发泄的语气。她很喜欢举工作中一些与公司隐私无关的例子，然后再恰到好处地表达。这种技巧不是每个人都能学会的，但至少要做到最基础的，一是不轻易表达自己的情绪，二是不轻易透露自己的想法。

再后来，我们更熟悉一些之后，彼此会说一些体己的话，无非是她父亲曾经生意失败，她们一家有过一段租房子的日子，还有我年少时的一些往事。

但我们都知道，我不是她最好的朋友，她也不是我最好的朋友。所以，最私密的话我们都不说，如果需要帮忙，我们也不会第一个想到对方。

很多人在处理友情上都会遇到这样的困惑：

为什么我们同样和你相识，你和她说这些秘密，却不和我说？

为什么我们同样问这个问题，她能得到答案，我却不能？

三毛有两句关于朋友的话，我很喜欢。

一句是：朋友还是必须分类的——例如图书，一架一架混不得。过分混杂，匆忙中急着去找，往往找错类别。

另一句是：朋友再亲密，分寸不可差失，自以为熟，结果反生隔离。

是，没有分寸感的友情，都是不会长久的。

有一次，我们在谈论朋友的时候，我和Shelly达成一个共识：**每个人的交际圈都是以自己为中心的同心圆，直径大小与亲密程度呈反比。亲密程度越高，直径越小；反之，则直径越大。**

时间在不断帮你筛选朋友，有些人与你越来越远，而有些人与你越来越近。无论关系远近，朋友之间彼此都有自己的空间，不会因进一步而生厌，也不会因退一步而失落。

愿今后，聪明如我们，都懂分寸，不逾矩。可以为人热情，但不过于热情。

在友情里，恰如其分地站立，把一切交给时间和彼此，然后顺其自然。

我为什么不愿与老好人做朋友

……………………

这个男人一直在充当救火队员的角色，而且救的都是些无关紧要的火，将来很可能在我最危急的时刻，他也会为了这些而弃我于不顾。

我翻来覆去地考虑过一个问题，一个无聊又现实的问题：**你会与怎样的人交朋友？**

从前的我肯定会说："勤奋，努力，有个性；有趣，漂亮，有想法。"几乎囊括所有假大虚空的词，然后再补上一句，"其实，还是看缘分。"

但有一次，一个闺密问我：**"怎样的人，是你永远想要和他划**

清界限的?”

我毫不犹豫地告诉她：“老好人，这类人我绝对不碰。”

小时候，我总觉得老好人是一种特别友善的人。他们温文尔雅，对每个人都笑语盈盈，他们善于周旋，懂得人情世故，懂得如何与你和睦相处。可是，长大后才发现，他们不仅对你笑，在你遇到困难时，也会对你的困难笑；他们确实很温和，温和到需要说“yes”或“no”的时候，他们也只说一句“随便”，让你摸不着头脑；他们与人和睦相处的前置和后缀都是一样的，就是朝着“你们必须觉得我是好人，是你们的朋友”这个方向走，“我首先收罗了你们所有人的心，然后再挑选出我的所爱”。

你有没有发现，我们小时候总会被大人们问到“爷爷好还是奶奶好，妈妈好还是爸爸好，叔叔好还是阿姨好”之类的问题。那个说“他们都好”的孩子，会成为大人口中的“好孩子”，然后周围人众星捧月般把他看成家教的“成功典范”，而如果你如实地说喜欢谁，除了会惹来哄笑，还会被说“不聪明”。

在成长的路上，我们总是不断地自我培养或者被培养成“老好人”。只不过，有些人走得快，成了精；有些人停滞不前，依旧是那个并不聪明的小孩。

我对老好人的反感，源于我学生时代发生的一件事。班主任要求每人捐十元钱给困难学生，轮到我交的时候，却发现自己的十元钱不见了。我回忆了一下，在我从外面回到座位的时候，看到S正好盖上我的抽屉，但我那时并没有意识到他拿了我的十元钱。幸好同桌一直都在。我怀疑S可能拿了我十元钱，便告诉了班主任。可班主任问到同桌时，她却说没看到。

班主任对我这种无中生有的行为很生气，立刻打电话给我父亲，叫他来学校，并要求父亲和我一起向S道歉。父亲很冷静，他知道我一向不莽撞，于是说希望能先看看S所交的那张十元钱。看到那个号码以后，父亲一下子认定那就是他给我的十元钱，因为前一天，父亲正好从银行换来一沓连号的纸币，那张十元钱就是其中一张。剧情逆转，班主任无言，最终让S向我道歉并在班里做了检讨。

同桌后来向我解释，她只是害怕以后不能与S好好做同学，所以才没说出实情。我只给她扔下一句话——走开。

那时，我还不知道有老好人这个概念，但我开始体会到这种人的可怕。

这只是老好人中的一种。哈丽雅特·布莱克有一本书叫《取悦症：不懂拒绝的老好人》。她说，事实上老好人都有一种瘾，他不停地取悦别人来换取别人对他的认可。这种瘾是他以自己的方式在撒网，让别人围在他的周围，这种感觉会令他感到安稳。

相亲的时候，我遇到过一个人，所有人对他的评价都非常高：脾气好，热心，是个善良的人。我们初次见面，他给我买了一杯胚芽奶绿，他从我朋友那里打听到我喜欢这类奶茶。这样细心的男人，给我留下了很好的印象。

之后的交往中，问题开始出现。他总是用不同的理由来推迟我们的约会：同学家的电视坏了，他要帮忙去修；同学的老婆要去火车站，他要帮忙去送；同学要打篮球，因为少一个人（于是我们的约会地点从咖啡厅改为篮球场）。

最开始，我没觉得这有何不妥，时间久了，我才意识到，**这个男人一直在充当救火队员的角色，而且救的都是些无关紧要的火，将来很可能在我最危急的时刻，他也会为了这些而弃我于不顾。**

这可能会成为我们生活里最大的bug。所以，分手是必须要做的事。

分手后我们仍然有联系。一个人一旦有一种“好人”习惯，是不会与人交恶的，哪怕那个人是狠心抛弃他的前女友。他接二连三地有过好几个女朋友，只是最后都分道扬镳。后来，他私下问我当时为何与他分手，我没有以“性格不合”为借口掩饰真相，而是以朋友的身份告诉他：因为受不了你这个“老好人”。

这些年，我始终都保持着爱憎分明的性格，任何时候都是。对我所憎的人，我并不是要将他置于死地，而是决不能让他与我所爱的人保持一样的地位——就好比，如果我分那个我爱的人一块肉，他就只能吃一口剩菜；如果我与所爱的人睡一张舒服的床，他就只能滚去睡大街。在生活中，我可以对他保持礼节，但绝不一视同仁。这样，对爱你的以及你爱的人都是一种尊重。

我在别人眼里一直是一个极其另类又愚蠢的角色。某一年发生的事，足以证明这一点。那年我还在农村工作，因为种种原因，两户人发生了纠纷，已经有人将纠纷双方的对错先做了判定，周围许多人也纷纷应和，但我却执意认为所谓对的一方也有过错。最后的结果证明我是对的。事后有人问我：“与你无关，为何要去对抗？”我堂堂正正地说：“因为我爱真理。”**事实是，**

我厌那群从众的老好人。因为老好人越多，真理就越软弱无力。

我周围有一群不愿当老好人的朋友，他们中有的事业有成，也有的碌碌无为，这些我都不在乎，因为他们不是老好人，他们对世界始终有一双敏锐的眼睛，对生活始终有一颗永不糊涂的心。我与他们在一起，也有我的私心。如果有一天，我一不小心遭遇了电闪雷鸣，他们会为我送来一把伞，而不是只在电话里拼命地安慰我叫我不要害怕。而老好人呢，他早就给许多人送了伞，最后才轮到我。

* 第五章 *

能安之若素，才能配得上世间繁华

那些戾气并不是让你变得更好的勇气，而是可以拦截你走向未来的阻力，克制自己的戾气是对未来最好的努力。

能安之若素，才能配得上世间繁华

在我们以为无处可躲的时候，其实有很多出口，只不过没有一个出口可以直达内心，让自己的情绪喷薄而出。

前些天，我在街头碰见一个姑娘，她蹲在马路上大哭，一边哭一边声嘶力竭地喊：“你为什么看不起我？你为什么要离开我？”

围观的人都骂她“脑子有病”。被拦住路的司机不停地按着喇叭。

警察来了，她也不走，只下意识地往旁边挪了挪。

她失恋了。

我把她扶到马路边上，一直劝她。她伏在我身上哭，哭得很大声，嘴里含糊不清地说着什么，好像是被男朋友抛弃了。车来了，我帮她擦干了眼泪，送走了她。车站的人冷漠地看着我，还有人一直玩着手机，完全一副事不关己的样子。

我不知道自己为什么要劝她，只觉得在她身上仿佛看到了许多人的影子。看到她不知所措，有些感同身受。

岁月这个老人，在谁的爱情、学业、生活里没刻上过一刀？不过是伤好之后有些人忘了，有些人还记得而已。

在我们以为无处可躲的时候，其实有很多出口，只不过没有一个出口可以直达内心，让自己的情绪喷薄而出。就像一个盛满水的水壶，水烧到最满溢的时候，最容易粉身碎骨；放空了的时候，倒是无伤大雅。待到风轻云淡时，你就会发现，曾经以为躲不过的痛，最后都结成了疤，甚至还可能如花一般灿烂。

当下那一刻的她，正鲜血直流的她，像极了若干年前的我、我的朋友，以及许多人。

我十五岁那年，初中升高中，原本成绩一直拔尖，偏偏在关键时刻以两分之差与城里最好的高中失之交臂；又因为填错了志愿，被排名第二的高中拒绝。那一刻，年轻的我觉得遭受了人生中最大的打击，一直哭到两眼发黑，然后又坐在窗台前默默地看书，却一行都看不进去。

父亲一直在为我托关系，想尽一切办法让我读上高中，哪怕是自费。

中考不过是人生的一个经历，在十字路口，他去了那里，而我去了这里，仅此而已。可当时的我却看不到这些，躲在家里，整整两个月不敢出门，没有参加任何同学聚会，想起落榜的事就哭。母亲说她当时最怕我闷成了抑郁症，那可就更伤心了。

两个月后，我没有以自费生的身份去读最好的高中，而是去了一所普通高中，一脸的不乐意。在那里，我交了一大群现在还经常联系的朋友，并遇见了我现在的老公，三年以后我考上了一所不算太差的大学。这些都是我在高中时完成的事。

中考落榜时，我第一次感受到人是“瞬间动物”，每个瞬间里的情绪，都非要表达得淋漓尽致不可，想要肆无忌惮地哭或笑，从表面到内心，躲也躲不了。特别是当一种深深的失望扑面而来时，人在**那一瞬间的反应太过激烈，以至于让情绪冲昏了头脑，打破了本该有的静心静意，感觉学习、生活，包括所重视的一**

切，都是徒劳。

面对感情，我们也是如此。比如我的安小姐，结束一段长达八年的恋爱那天，她把自己的手机砸了，把手机使劲地扔到高空，然后落地，让它粉身碎骨。她又把皮夹里的相片撕成两半，两个人就这样各奔东西。然后，她伞也不拿地去淋了场雨。

之后，她请了一个月的假，据说是去了趟北方。我给她发信息，她也没回，据说她没带手机。她回来的时候，瘦了大约十斤。看起来一切恢复到从前，只是她眼角常常有泪痕。

大约快一年了，她才恢复过来。

安小姐走出这段情殇后，很长一段时间内，她一直拒绝我及其他朋友说起这段往事，哪怕别人说起自己的前任，她也会岔开话题或干脆离开。我也很少说，尤其是后来看到她一边挽着丈夫，一边拉着儿子的手，那一脸幸福又安好的样子。我以为她是怕先生生气。后来，她私下和我说："若干年后，才知道当初自己的愚蠢和幼稚，那都快成人生的一个梗了。"

其实，**没有什么是过不去的坎，当初何必要气得跳脚。**

事实上，生活就是一个变幻莫测的老师，她何时出题，你都猝

不及防。可你总要应对，好好交卷。

你大哭还是大笑，她都在；你大哭还是大笑，她都会走。所有的应对方式全取决于你自己。

我记得，当初我心情抑郁时，母亲常常对我说："别在意，慢慢来，生活总会越来越好。"原本以为那只是一种乐观，现在倒是觉得这话多了一份人生的真理。**或许安之若素，我们才配得上更好的生活。**

风花雪月与柴米油盐

爱情，如果不落实到穿衣、吃饭、数钱、睡觉这些实实在在的生活里去，是不容易天长地久的。

上周老陈打来电话，大意是，这段时间单位开始一年一度的轮休，七夕那周轮到他休息一星期。

他故意把“七夕”二字说得格外响亮，生怕我没听见似的。

节日这个玩意，总是要等到日子越近才越有氛围，何况是一个成天上班、下班、奶孩子的女人，除非想为之大张旗鼓，否则早被其他诸如育儿、美容、鸡汤这样的信息冲淡了。

我的先生老陈是个军人，在离家六十公里外的部队工作，我们是异地夫妻。与他相识十一年，恋爱四年，结婚一年半。我们在感情的马拉松中，循序渐进地开始习惯依赖彼此，从老朋友到老恋人，然后到小夫妻。我对他，熟悉到知晓他的头发多久不洗会出油，他的饭量是一又四分之三碗，他吃的葱炒蛋永远得是半根葱加两个蛋的量。但我们一年见面的日子，却从来没有超过五十天。这五年我们一起外出旅游的日子，总共十天。偶尔我去部队见他，也只是匆匆吃个饭，便自顾自地加班去了。

生活很平淡，平淡到从他口中说出七夕，我都要觉得热泪盈眶了，真是不争气。

2012年的七夕，老陈给我过了唯一一次浪漫的情人节，也是与老陈在一起后，唯一一次有印象的浪漫事儿。

那年，我还在我们县的一个乡镇工作。面朝黄土的日子里，一个人开车去山里丈量土地面积是一种习惯。那个下午，下了很大的雨，因为第二天的一个项目，我不得不冒着大雨开着车去最远的山村贴公告。

其实，按现在时髦的说法来讲，心情也是下着雨的。就在前一天，老陈给我打电话说，单位不会休息，叫我一个人在家里买块蛋糕，炒个葱炒蛋，算是陪他吃了。

工作是很顺利的，只是山路湿滑，对面跑过的大卡车把我的小车溅得全是泥，以至于快回到单位的时候，整个车胎还能甩出泥来。

突然看到一个人，老远就朝我挥手。雨天视线模糊，以为有人故意搭讪，便自顾自地从另一个门进去。我看到一手拎着包，一手撑着伞追在我的车后，后视镜里的他湿答答的一身。我把车子停下来，他伸头进来，和我腼腆地一笑，原来是老陈。然后，他退了两步："我不进去了，怕弄湿你的车子，你安全就好。"

幸好他拿的要送我的笔记本电脑有防雨袋，虽然外面的硬纸盒子早已软塌塌的，但打开来还是满心欢喜。那时，我真是一个好骗的小姑娘，立刻感动得眼泪都掉下来了。真是一个大惊喜啊！

"哭什么哭？"老陈拍着我的肩，"现在我们是恋爱，还能有情人节礼物，以后结婚了，生了小孩，有了家庭，咱们就不是情人了，就再也没有礼物了。"

那一年，我只记得两件事：一件是他千里迢迢来给我过了个七夕，一件是我真想暴打他一顿——婚后的女人就该成为豆腐渣不被捧在手心吗？

但他说的也是事实，毕竟婚姻是要走入柴米油盐的殿堂的。

之后，老陈依旧每年不能给我一个过“七夕”的准信。

虽然，每个七夕他还是会在下班后转两三趟交通工具，坐最晚的那班火车来到我身边，买一束花或是买一篮车厘子，和我说道几句，然后第二天又赶最早的火车回单位。但在来之前，他总是说一些“没空”“一个人过吧”“抱歉”诸如此类生硬又疏远的词语，让人心冷到无语凝噎。

算是一个意外之喜，今年老陈早早确认了七夕休息这件事。他在电话里说：“你猜，我今年会送你什么礼物呢？”我没有作声。他聪明得很，他自然知道从我口中说出的礼物就是我想要的，可我偏偏什么都没说。

沉默了很久，蓦地他说了一句：“我也没想好，前次回去看到米缸里的米没了，特别想买袋米回去，不知道可不可以算作礼物？”

想起三毛的一句话：**爱情，如果不落实到穿衣、吃饭、数钱、睡觉这些实实在在的生活里去，是不容易天长地久的。**

但愿如此吧！

爱就是在一起好好吃顿饭

这一生，所有对家人的甜言蜜语都敌不过好好坐下来吃一顿饭。我们降临到这个世界，拼命地活着，但也要有爱地活着。

母亲打来电话，问我中秋节是在婆家过还是在娘家过。

出嫁这两年，母亲好像对节日的仪式感要求增强了许多，每次节日前，是一定会多确定几遍我是否回家过节的事。

我说："回家过。"

母亲高兴地说："燕子估计也会来，正好你们可以碰面。"

母亲口中的燕子是我的表妹，在上海工作。她要来，我有点儿意外，真的是半年多没有跟她见上面了。过年的时候，因为工作的关系，匆匆碰面，没有好好坐下来吃一顿饭，心想着一年那么多节日，回家的路又不算远，实在不值得遗憾。然而，一别半年多，我们大概也没有料到，再相聚需要过那么久的时间。

我与表妹燕子和闹闹同龄，所以，在我成长的记忆里，我和她们的身影在不同的地点、不同的时间重复地闪现。九岁时的游戏，是老师和学生式的过家家；十二岁的时候，是一起寻找父母藏起来的有线电视线，翻箱倒柜地找；十四岁时，是一边做作业，一边听中国歌曲排行榜，哼唱青蛙乐队的歌；十七八岁时，是将隔壁班男生的情书彼此换着看，然后，各怀心事。那时，我们常常说：“今后啊，要一起去一个城市，读同一所大学，一起去图书馆，一起去小餐馆，最好是留在同一个城市，租一个房子，省钱又省力。”可到高考结束的那天，我们早已忘记原来的事，各奔东西。

从小到大，我都是一个特别胆小又怕事的人，害怕所有的离别。

我小学毕业的时候，拉着同桌男生的手哭，我姐来接我时，一看这副光景，问：“在哭什么？”我说：“因为要走了。”我姐说："你不会早恋了吧？"

后来，我高考填志愿的时候，母亲特别舍不得我，于是，我填了本地的一所学校。从睁眼看世界的那一天起，一直到如今工作，我平平稳稳地在自己的家乡完成了中考、高考、入职考试，对千千万万个想涌入大城市的年轻人来说，我这样一个年轻人，除了"顾家"两个字，实在挑不出什么更好的词语来形容。

我留在本地的那一年，燕子考到了上海，四年后成功"保研"，毕业后在上海一家企业上班，年薪十二万。两年前，闹闹从中国美院毕业去了美国，现在在美国的一家公司实习。

而我，在一座小城市里，成为一个固定工作者，每天朝九晚五上下班，偶尔码字。去年结了婚，生了孩子。我这辈子去过很多地方，却没有在一个地方待超过二十天，便又回到了出生地。

可母亲觉得，对她来说这是一种幸运。她是一个很喜欢听广播的人，有一天，她听到一个公益广播，里面的对白很有意思。

有人问儿子："你最大的心愿是什么？"

儿子说："赚钱。"

那人问父亲："你最大的心愿是什么？"

父亲想了想说：“让儿子回家吃顿饭。”

母亲把这段对白录了下来，我回家的时候，她说，其实也没必要给你听这段录音，但我听了，只觉得有你常常回家吃饭，我这个母亲实在太幸运了。

母亲“有女万事足”的思想，一定程度上让我变得不那么上进，仿佛陪在她身边就完成了一件重大的事，其他的好与不好，便无关紧要。

不知道你有没有这样的一种体会，长大后，尤其是近几年，亲人之间的聚会越来越少，少到只有结婚这样的大事才互相走动，甚至你对有些人的印象永远停留在十多年前。

我们没有好好坐下来吃顿饭，说说本该属于家人之间的故事，获得一种亲人的默契，而是在纷繁复杂的朋友圈，和普通朋友一样，偶尔去给他们点赞，偶尔在节日的时候给他们发个问候，其余就什么都没有了。

其实，大多数人都是珍惜亲人、家人间的那种情谊的。我记得我一个朋友发的微信朋友圈状态里有这么一条：以前不知道电视剧里描述的家的味道是什么，现在终于知道了——家里的饭最好吃！

我在下面回了她一条：所有的“鸡汤”都是有源泉的。

她说，那一年她回家只住了十天，其余的日子都在另一座城市里打拼。

闹闹刚去美国时的一个夜晚，她给我发信息：姐，有空帮我去看看我妈（也就是我的姑姑）。我不在，她和爸爸很孤独。

老实说，听到这一句话，我特别想哭。所有的背井离乡或许真的都是迫不得已。年幼时的我们大概也不会想到，若干年后，当我们年近而立，也会如从前的父母一般把一切抛下，然后没日没夜地工作，连回家团聚这件平常事也成了让父母为之高兴的期盼和自己最大的期待。

“子欲养而亲不待”，我知道，这是一句被写烂了的名言。但我还是要借此表达，如果没有太多的时间陪父母，那么就在节日的时候，找个最好的理由向老板请假回家。

这一生，所有对家人的甜言蜜语都敌不过好好坐下来吃一顿饭。我们降临到这个世界，拼命地活着，但也要有爱地活着。

八分满的幸福

生活中的我们常常犯同一个错误,就是竭尽全力去争取那个“十分”——十分打扮，十分努力，十分爱，十分幸福。

第一次听到“八分”这个词，是在一个不那么出名的古镇。

一个六十多岁的老头儿一边抽着烟，一边和我们这一大群客人聊天。“我啊，从不把一件事情做得太满，八分，八分就够了。”

他不停地强调“八分”，像是一个授课的老师给我们说重点一样，惹得我们大笑。

“我以前有一份挺好的工作，特别喜欢，我每天都信心百倍地干着。可当我做到四十五岁的时候，发现再也做不下去了，感到疲乏，甚至厌世，最后只好离职了。那之后，我便开了这个旅店，这是我年轻时候的梦想，每天养狗养猫晒太阳，没有朝九晚五的压力，完全是一种不同于往常的体验。”

我们中的一个人说：“真好啊，希望退休后也可以过上这么闲散的好日子，这也是我梦寐以求的事。”

他沉默了一会儿，说：“不过，我已经干了十九年了，再过两年，也可能是三年，我打算把店盘给别人，全身而退。因为在我没有对它感到非常厌倦的时候离开，会保留更多美好的记忆。”

他说完，打量了一下自己的旅店。

我相信，他不是第一次向客人诉说他的经历，我也相信，他的话是发自肺腑的。因为他的小院有一种恰到好处的格调，他喜欢壁画，但没有放得满墙壁都是；他喜欢月季，但在庭院里的许多盆花中只有三盆是月季；他也喜欢抽烟，可在我们聊天的那个晚上，他只抽了一根。

他的夫人见他又在说“八分”，跑出来打趣道：“你们以后就叫他‘八分老板’。”

我开始观察、理解并热爱“八分”这个词语，就是在遇见“八分老板”之后。我发现“八分”是个很被人热爱也值得被爱的词语。八分饱，八分爱，八分生活……八分，离十分很近，却又有那么点距离，允许自己有两分的不足，有一种瑕疵中的完美。

我的父亲，也是“八分主义”者。他有许多朋友，一个电话就可以凑成一桌，可他从来不煲电话粥，很多朋友甚至半年才联系一次。他绝不想与朋友过于亲近，就像他也很少去央求别人一样。他们始终保持着两分的距离，八分的亲近，所以他们坐下来的时候，可以愉快地喝酒，大口地吃肉，天南海北地说上三个小时也散不了场。

还有我的爷爷，他也是“八分”的忠实老粉丝。他与我奶奶结婚六十余年，在婚姻里，他时刻都有着“八分”的节制，就像吃到八分饱的时候，有再好吃的肉，他也摆摆手，坚决不吃下去一样。

你看不出他有多爱我奶奶，他对我奶奶总是淡淡的，不叫名字，直接以“喂”代替，躺在床上懒得不想拿水，直接喊我奶奶去拿，甚至还收敛不住他时不时的坏脾气，脾气上来就会跺脚生气躺沙发。可赶上奶奶生病的时候，他能一个人坐在药罐前给我奶奶煎两个小时的中药，不允许任何一个人靠近；在我奶奶想吃饺子的时候，一个人跑超市里买上好几袋；在我奶奶腰痛的时候，给她捶一整夜。他常说，哪有什么亲热可言，相伴到老，就是最好的事。

前段时间，一个朋友跟我说，恋爱中的她觉得已经快把自己的力气用尽了。每次约会，要开很久的车去接那个没有车的男朋友；吃饭的时候，尽量AA；过生日的时候，花半个月的工资给男朋友买一套衣服；有时得空了，她还帮他买书、买卫生纸、买笔。可令她失望的是，她所做的一切，并没有得到他热烈的回应。后来，我问她男朋友打算怎么办，这男孩说："当然会娶她，不过希望她今后活得轻松点儿。"

轻松点儿，真是个实在的词语。

生活中的我们常常犯同一个错误，就是竭尽全力去争取那个"十分"——十分打扮，十分努力，十分爱，十分幸福。觉得到十分了，就是无愧于心了。事实上，在生活中我们要允许自己有时候可以只要八分。

想起有一篇文章叫作《接纳不完美的自己》，不完美的世界或许会与完美的预期有一点点不同，但可以让自己变得自由、美好而充满希望，生而为人，感到幸福才是最重要的事吧。

你对弱者的态度，就是你的教养

生活中的那个小人物，遇到强者时，不被人重视，被人随意调侃，于是一直妄图强大，扭曲到不停地靠虚幻的一切来武装自己。

刚毕业那年，我旅行时去了一个古镇。夜晚，我一个人坐在旅店楼下的沙发上，除我之外，只有坐在柜台前的老板。他低着头，好像在看书。

这是一家价格不菲的旅店，比一般快捷酒店的价格要高出许多。我是用最后一年的奖学金去旅游的，否则对于我这个学生族来说，那简直是天价。

差不多十点左右，一对老夫妻走到店门口，一人一个包裹。女人躲在后面，男人颤巍巍地走进来，轻声问："你们旅店价格多少啊？"

老板报出了价格，那对老夫妻被吓了一跳，转身就走。而在老夫妻快走出门的那一刻，老板说："你们来住吧，可以给你们便宜一些。"

我不知道老板最后给了他们什么价，但一定是很低的。两个老人很高兴，但又不好意思，嘴上说着"真是碰到好人了"，然后一边推辞着，一边往里走。

后来我才知道，老板只是偶尔来古镇打理自己的旅店，他真正的身份是一个商人。他开着很大的企业，雇了职业经理人做管理。他年轻时有过一段艰苦岁月，当下已是自由又闲适。老板对我说："以己度人，这么晚了，还要去一个陌生的地方找旅店，那会是一件多么让人寒心又崩溃的事。更何况是两个老人，而且天都黑了。"

我翻出这个故事，是因为前两天在朋友圈里看到一件事，那个朋友是这样写的：终于知道了一句话叫"贱人自有天收"。那天我刚下车，看到一个男子在对一个老人大吼大叫，好像是这个老人一不小心站在了他家门口。他瞪着眼对那个老人说："你走开。"老人红着脸，像个做错事的孩子。当他再出来的时候，发现老人身边多了一个男子，正搀着那个老人，刚才吼叫的男人赶紧跑上去认错："不好意思啊，我刚才心情不好。"原来他吼的刚好是一个跟他有直接业务往来的老板的母亲。

我笑着回复了一条：**螃蟹总有一天会碰到坚硬的石头，轻则断脚，重则送命。**

对弱者向来都是没有定义的，弱只是一种比较级，与"强"是反义。比你地位低的是弱，比你穷的是弱，比你挫的是弱，在你看来强大的要素的反面就是弱。弱本来并不可怕，可怕的是这个世界，似乎对于弱者总是带有自动提醒功能。

因为弱，你总是会发现自己被挤在一个角落；因为弱，你总会不经意注视到那些带着白眼的人；因为弱，你会发现自己总是被同情。

我从小到大都生长在一个物质条件并不算太优渥的家庭里。也许就是因为这样一种物质的不优渥，使我在学校里拼命地学习，除了成绩之外，我再也没有什么能让老师刮目相看的地方了。然而在这个家里，我最崇拜的人是奶奶。她现在八十五岁了，依旧是一个慈眉善目，非常富有同情心的老人。

关于奶奶，邻里间流传着许多风言风语。她是一个人缘很好的女人，但始终不能做到人见人爱。有人说她同情心泛滥，也有人说她只是一个老好人。她对这些都习以为常了，常对我说：**“你可以与强者横眉，但要尊重弱者。因为在弱者身上，你施展的强大只会让你看起来卑微。”**

当然，这句话是我根据她的话整理的，道理没变。

小时候，我们小区周围乞丐很多，他们一而再，再而三地来小区里行乞，因为他们能从这个小区拿到更多的旧衣服和钱。

渐渐地，乞丐来得多了，就打扰到了周围人的生活。一些邻居开始用泼水、辱骂的方式驱赶他们，甚至有一次，一个胖阿姨因为自己的孙女看到乞丐吓哭了而拿刀威胁：“你再来就砍你了啊。”

只有奶奶，虽然知道他们有些人是因为懒惰才来行乞的，但她仍然端出饭和菜给他们。用她的话说：“每次看到这些蓬头垢面的年轻人，总是想着，他们的父母看到他们该是多么心寒啊。”

年纪轻轻，没手艺，不干活，躲在天桥下睡觉，第二天又去行乞，这日子真是坏极了。

突然有一天，奶奶拿出一碗饭对一个乞丐说："这是我给你的最后一碗饭，我还没有吃，我把我的饭给了你。你还那么年轻，应该赶紧去干活。讨来的食物终究不如自己赚来的吃着有尊严。"

那个乞丐被说得脸红了，从此以后，他再也没有来过这里。

有一句话说："一个国家对弱者的态度，就反映了这个国家的文明程度。"简直是至理名言。前段日子，看了电影《夏洛特烦恼》，我认为夏洛就是我们**生活中的那个小人物，遇到强者时，不被人重视，被人随意调侃，于是一直妄图强大，扭曲到不停地靠虚幻的一切来武装自己。你可以说，这是他内心不够强大造成的。但是，当你无数次被人挤到角落，人生几近走到绝路的时候，你也会期待有那么一点点的阳光出现，可以温暖你的内心，哪怕是皮肤也好。**

这个社会给强者的尊重太多。强者就像一部戏里的主角，所有化妆师、灯光师、摄像师的焦点都不约而同地放在他身上。他可以随意摆出自己的姿势，表达着自己的情绪，甚至当他不高兴的时候，还可以更改剧本。而弱者，只是那个连特写镜头都没有的群众演员，吃的是盒饭，没有经纪人，甚至随时有可能被撵走，还要不到工资。

我工作后的这些年，听到过无数个故事，弱者大都是因为家境差，因为穷而被欺负。有一个朋友，一气之下贷款买了一辆奔驰，第二天大摇大摆地开车去上班，终于让领导对他刮目相看，不再为难他了。

但我想说，即便是如此，好人还是占多数的。

这一路，我小心翼翼地走，遇见了太多的好人，他们有一个共同特点：把所有的人都当人看。

我刚进单位那会儿，只是一个刚毕业的小姑娘，什么都不懂。我在农村工作，每天都过着面朝黄土的日子，经常是从早上六点一直干到晚上六点。

但令我印象最深的是，每个下雪的日子，单位领导都会亲自开车送我和另一个年长的师傅下班。要知道，我家与他家之间整整跨越一个县域，如果他不送我下班，大可以提早回家一个多小时，并且我家是市区的最中心地带，每天堵车堵到让人有弃车而去的想法。他就这样送完我，然后送另一位师傅回家。

当时，我还没有买车，但镇域的公交也算方便。可是他一直说：“同在一个单位，没有领导与下级之分，大家都是朋友。”

那是我毕业之后感受到的最温暖的事，因为在这之前，我早就做好了“江湖险恶”的准备，打算披一件铠甲，装一身刺，在别人攻击时随时还击。而我碰到的那个领导，让我放下铠甲，懂得了工作的时候，是可以真诚、善良和勇敢的。

我的那位领导，现在还是一个小领导，但他的口碑一直特别好，拥有了许多他该得的荣誉。许多人说起他，都是带着赞誉的。

在我的微信公众号后台，时常有人问：**被欺负了怎么办？**

我给的回复大多数是：无关原则的话，吞下这一口气。待到强大时，以德报怨。

人的一生就是一场无形的历练，你没有走到终点就不知道自己是谁。可是教养是跟随你一生的，好人未必有好报，坏人却一定有恶报。这句话虽然不是绝对正确，但至少可以鼓励我们，让我们做一个好人比做一个坏人有底气，并懂得做一个有教养的人比做一个没教养的人重要得多。

我想说，一个真正强大的人，是不需要通过欺负他人来垫高自己的。强者对弱者下手，是生物链的规律，但不是人与人之间的规律。

即使是强大的时候，请记得，一定要把自己当人看，把别人当人看。

因为人海茫茫，你永远不知道，下一刻你和他到底谁弱谁强。而你所拥有的教养，从人生开始到年至古稀，会伴你一生。

去除身上的戾气，是一辈子的修炼

人与人之间的妥协，有时是在与自己妥协，或者是与自己的性格妥协。

戾气，我该怎么解释它呢！每个人生来都有一种戾气，就像是人生来会带着善良、带着邪恶、带着好奇、带着迷茫一样。

戾气，好比是身上隐藏着的某个“器官”，只有在碰到某一件事、遇到某一个人时，它才容易迸发出来，而且无处可藏。

严歌苓的《妈阁是座城》那本书里有一个“叠码仔”梅晓鸥。这个女人倾尽一生的心血，看着自己的旧爱卢晋桐倒在自己的脚下，看着梅吴娘的死敌梅大榕应声倒地，看着一个个如史奇澜的赌虫们在赌桌上弹尽粮绝、昼夜厮杀，最后他们都开始接受她的施舍，可她的内心却没有因此而得到任何欢愉。一个看起来该欢欣鼓舞的结局却换来了绝望的悲凉，因为她的青春赌光了，爱情赌光了，连金钱也耗成了金钱的尸体，变得一文不值。

有人说，这个女人的悲凉，是天底下一万个劳苦大众的缩影。可我当时的脑海中只盘旋着两个字——戾气。因为最后，她被她浑身的戾气所害，得到的是所有充满戾气的人都有的结局——被自己控制不了的戾气所杀——和《金锁记》里的曹七巧、《半生缘》中的顾曼璐一样，她们积累了一身的戾气，随意施暴于别人，却把自己变成了“人不像人”的疯子。

一个多月前，与朋友一起去面见了一位先生。他是某领域的名家，为大多数人所熟知。去的时候，我们感到格外惶恐。我们只不过是两个小辈，不敢贸然去拜见与打扰他。

我们敲开他家门的一瞬间，一间很普通的屋子映入眼帘，一个七十多岁的老头探出门说：“你们好呀！”看起来格外亲切。正对门的大厅挂着两个字——清静。朋友轻声和我说：“你可以谈谈你的困惑，他是个和善的老先生。”

先生并不避讳和我们谈他年轻时候的故事，甚至是神采飞扬地说给我们听。后来每次见面都能听到他谈这些，但我从不觉得烦，也没觉得他喋喋不休，一直感觉很励志。他所说的一切，就是一部值得他为自己骄傲的历史书吧，每一页都那么精彩，并且让人惊叹。说到最后，他问："是不是一切看起来都很顺，顺到除了成功什么都没有？"

我点点头。他说："你可能不知道，每一个人的风光背后都有过许多彷徨。我也有过许多幼稚的想法。比如我年轻的时候，评职称被黑，评职务被排挤，我就想报复他们，一个星期没有给学生上课，故意不接领导的电话，把自己关在家里。后来，那课有人顶了，领导也没说什么，而我倒是瘦了好几斤。此后，当我再遇到类似事情的时候，我都在想，与其花时间报复别人，不如花时间看书。**发泄了那么多戾气，还不如增添自己的才气。**很多年过去，我回顾往事，那些在当时看起来很重要的事根本可以一笑而过。还好，我适时地收敛了自己的戾气，否则，一路走来不知道要做出多少蠢事呢！"

我们常说，聪明的人是懂得收敛戾气的，他会挖一个洞，将它一点点掩藏，然后烂在记忆里。而愚笨的人，好像随时都带着一把锋利的匕首，把周围的人一个个都刺伤，最后自己也深受其害，自己很难适应环境，也让所有人都感觉不舒服。

朋友S是个三十多岁的男人，硕士毕业后进了公司，当上了高层，现在又出来单干，事业还算成功。每次他发现我身上有焦虑之气的时候，都提醒我要镇定，然后再一遍又一遍地重复讲他那段不堪回首又常令他津津乐道的往事。

小时候，因为家里穷，他总被人看不起，每次玩游戏，小伙伴都不跟他玩，剩他一个人孤零零的。他二十岁的时候，成了他们村唯一一个考上名牌大学的人，那些幼年时排挤他的人，突然像蜜蜂一样围绕在他身边，和他一起看电影、爬山、玩耍，让他很不适应。但他没有表现出一种厌恶，也根本不想报复，只尽量克制，尽量保持微笑，尽量不让他们看穿自己的情绪。

后来，他进公司后的第一笔单子，是从村里那个没考上大学开了小店的邻居那里拉来的。邻居很爽快，一下子给了他一个二十万的单子。也是从那时起，老板开始对他有了信任。他说，他慢慢发现，**人与人之间的妥协，有时是在与自己妥协，或者是与自己的性格妥协。**

事实上，万事万物都有一个能量守恒定律，一个人今天发泄了多少戾气，明天必定会收到对等的戾气；一个人今天给予了别人多少温暖，明天也一定收获多少温暖。而对于我们这些普通人来讲，发泄自己身上的戾气不难，去掉身上的戾气，却是需要一辈子才能完成的事。这就像一段很长很长的路，虽然没有什么荆棘，却需要耐心地慢慢地走下去。

不要让自己的未来毁在那些根本不值得的事情上，那些戾气并不是让你变得更好的勇气，而是可以拦截你走向未来的阻力，克制自己的戾气是对未来最好的努力。

* 第六章 *

我愿你所有的坚持都是为了自己

许多时候，我们会忘记初心，也许是因为时间，也许是因为生活，当然，更多的可能是因为自己不知所措。

你要有赤子之心，未必要赤身裸体

我们需要被了解，但不必全无保留地放弃自己的秘密。

“有一种女人就是喜欢装，假装不说话，事实上那双眼睛一刻都没停地想主意。你有没有发现，她看每一个男人的眼神都很娇嗔，包括你家老陈。”

她说着话，眼睛不停地在看我，我赶紧把自己的头摆正，生怕一不小心的晃动会让她误解。

说这话的人是我和S小姐共同的朋友，我和她也仅仅是因为S才有所关联，否则，她就是那个躺在微信里永远也不会与我有联系的陌生人。

其实，我想说，我和她并不熟。

S与她闹翻了的事，我也有所察觉。S是个特别谨慎的人，在她没有告诉我之前，我对她们之间的矛盾一无所知。只是当我们聊起她的时候，有好几次S忽然转移了话题，我才看出了端倪。不过，我不喜欢问。

之后没几天，她约我出来聊天。我才确定她们之间产生了矛盾。矛盾的根源是，她相亲时中意的对象偏偏看上了S，还对S穷追不舍。显然这使她的自尊心受到了伤害。

“S这个人看上去单纯，事实上特别假……”接下来，她开始火力全开地对S进行各种批判。

她几乎用尽了所有的形容词向我吐槽，只为揭穿S的“真面目”。我不敢说这一定是嫉妒，但至少不是羡慕。

分别的时候她还不忘补上一句：“你千万要小心她，但你不要把我今天与你说的事情告诉她，听到没有？”

我点点头，为的是后半句。

朋友中我最喜欢像S这种类型的女生。她聪明、独立、善良、干净，总之是各种美好。毕业三年后，她工作的地方终于和她父母在同一个城市，可她却坚持要一个人在外租房住；她有一种可以同时照顾好很多人的能力。当然，与S成为朋友的这几年，我也发现了她身上有一种强大的气场，经常“灭人”于无形中，一旦让她蹬上高跟鞋，化上妆，基本就可以秒杀大多数女人，当然，也包括我。

这件事已过去三年，我至今没有告诉S。S与那个女孩后来又重新成为好朋友，也都结了婚。每当我看到她与S亲昵时的样子，就会想起那天她与我说的话，总觉得我不该成为那个被倾诉的人，但似乎又该是，毕竟她找对了人，我一句都没有向S透漏。

很久之前，我看过一份调查问卷：你喜不喜欢向人倾诉？结果显示百分之八十的人都选择了“喜欢”，这其中也包括我周围的很多人。我与他们相反，选择了“不喜欢”，我尤其不喜欢向周围关系不远不近的人倾诉。

随便向人倾诉，是一件特别冒险的事。

在这个世界，熟悉的陌生人实在太多了，你手机里不联系的人永远比常常联系的人多，在你的点头之交里，有多少人能真正与你喝上一杯咖啡？又有多少人知道你的生日？即便是与你喝过咖啡的人，他们也不清楚你喜欢在咖啡里加糖还是加奶。

美剧《超感八人组》中讲述了关于“通感”的故事。剧中有来自世界各地的八位陌生人，他们通过某种方法实现了通感。从此，彼此间的交流便成了自然而然又无可阻隔的事。最后，他们不仅在自己的世界里找到了自己，还能在彼此的世界里找到自己。而这一切的根源，都是那个“通感”。

回到现实中，遇到一个能与你“通感”的人是可遇不可求的。**很多时候，人与人之间，不过是彼此试探着心意，逢场作戏地走个过场而已。你默默无言，他便沉默不语；你激情飞扬，他也随机应和；再一转身，便是两散。**你的那些话最终不是成了彼此耳边的风声，就是成了彼此的笑话，被用来随意调侃。而你呢，后悔就这样莫名其妙地突然打开了自己的心门，那感觉就好像你把家里的一切都暴露在别人的眼前。你挂在墙上的壁画价值几何，你的厨房里放着什么牌子的盐，你的床单是否干净，甚至你洗手间里有几根发丝，一切都将被人尽收眼底。你无法决定他是看还是不看，因为你开了门，选择权就交到了别人的手里。

举一个看起来很幼稚的例子：那是我在最单纯的年纪，平生第一次遇到“背后插刀”这种事，它让我终生难忘。

在我十多岁的时候，班上有两个同学拌了嘴，其中一个来找我倾诉，在她狠批另一个同学的时候，我也主动加入了自己的观点，把素日与那个同学的恩恩怨怨一股脑儿地吐了出来。在活动课上，少不更事的我陪她绕着操场整整说了一节课的心事。两天后，那两个拌嘴的同学又和好如初了。从此以后，她们再也没有和我说过一句话。

你没有带刀，却被人拒之于千里之外，她们以为你就是那个挑拨离间的人。就像你的盟友突然成为自己的敌人，让你感到一种猝不及防的背叛。你把她们的秘密烂于心底时，她们却把你的秘密公之于众，甚至不由分辩地认定，你就是那个搅局的人，而她们才是受害者。

于是，十多岁的我，整整好几天都处于伤心中，想起这件事来就在教室里哭。看起来似乎是件小事，但是对我造成的影响却很大。这是我人生中的一次重大考试，那次的失败，改变了我对这个世界最初的态度。

这些年，我很少向人倾诉，也尽量不做任何人的倾诉对象。因为我发现，人是很奇怪的动物，在倾诉与被倾诉时，很容易把自己的心门打开。我很少封闭自己，但又很少向别人敞开心扉，因为我始终相信，一个人的心门开的次数多了，门锁就会失灵，容易对自己的感受失控。

我不知道一个没有门的家有怎样的危险，但别人可以随意进出你的房间，可以随意评判你的一切，甚至可能成为你家的主人。

最后，我想对你们说：

亲爱的，有空请关好你的心门，不要随意地打开。它是你历久弥坚的博物馆，你可以在里面安放你的一切，绝不让任何人发现你的秘密。

你善良地面对这个世界，却未必要赤身裸体。你的痛苦是你的独家记忆，你的任何东西都是自己的。我们需要被了解，但不必全无保留地放弃自己的秘密。

不是所有人，都该是你的筑梦人

梦想与现实是有距离的，这种距离叫作路。有些梦想有路，有些梦想没有；有些梦想可以筑路，有些梦想无路可走。

三年前，人们刚开始玩众筹，有朋友给我发了一个链接，说想众筹出版一本书，让我资助她十元钱。我不假思索地支付了，还说了一句：加油。

她想当一个作家，这个梦想我是知道的。她已经自费出了两本书，这是她的第三本了。

当然，这样的举手之劳我是愿意的。

半年后，她兴冲冲地拿着三本书来到我家。给她开门时，我还藏有私心地想着：“十元钱送我三本书，似乎有些不好意思，到时问问价格，买一本。”

我可能真的不够义气，只想着买一本。但对待朋友，我一直是保持理性而有爱，绝不感性而盲目。何况我有自己选择书的标准，她的书不在我的阅读兴趣里，买一本只能算是支持。

她很聪明，说话时常拐弯抹角，说了很久也没有谈到书里的内容。我看着那些花里胡哨的书名，感觉应该不是我喜欢的。她与我聊的多半是出书时的辛苦，中间改了十多遍稿，常常失眠，只有服用安眠药才能入睡；然后她说，周围的朋友在她出书之后，都是十本二十本地买她的书，送同学、送同事、送学生。

说到这里，我基本就知道她的意思了：关系深不深，就看你买我多少本书了。

那书我翻了五页就已读不下去了，我咬着牙才又买了三本。

几天以后，一个闺密打来电话，说也被她上门推销新书了。她知道我的这位闺密是开公司的，一下带去了五十本。

我问：“你买了吗？”

闺密心直口快：“我知道你肯定买了，但我没买。她想当作家，也不能全仰赖我们朋友啊，应该让市场去检验，让专业的人去检验。她的梦她可以随便做，我的钱我也可以自主支配。”

几乎是一语被点醒，我挂了电话，沉默良久。

每一个人都有梦想。一旦天时地利人和，那些梦想就会燃烧起来，从心底燃烧到全身，让你热血沸腾。不管你信不信，梦想与现实是有距离的，这种距离叫作路。有些梦想有路，有些梦想没有；有些梦想可以筑路，有些梦想无路可走。

而你，是那个孤独的筑路人，也是那个孤独的行路者。

我之所以说孤独，是因为我始终认可“内因是事物发展的根据”这条定论。排除一切不可抗拒的因素，外因永远只是条件。就好比你站在十字街头，想要去往你选择的方向，东南西北是你决定的，至于你是坐公交车、出租车，骑自行车还是步行，你有许多种选择，但方向是你选择的，没有任何人可以帮你改变。

换言之，**不是每个人都必须为你的梦想撒把钱、助点力，为你喊一声加油。梦想是你的，与别人没有任何关系。**

不知道在你身边有没有这样的朋友，突然有一天找到你，加了你的微信、加了你的QQ，然后开始不厌其烦地让你为她代发微商广告，成为她的代理，或者直接购买她的产品。关于效果和成分，她可以说得天花乱坠，可是你让她解释每种成分到底有什么作用，她根本说不全，最后还来一句："我觉得你是我的朋友，所以你该支持我的梦想。"

在我的微信朋友圈里，做微商的人很多。他们每天早中晚都会在朋友圈里发一条产品广告，规规矩矩，但从不特意推送到我的手机里。我是接受并默认这种方式的，这是他们维持生计的办法，所以，迄今为止，我从未把他们拉黑。

在被我拉黑的人里，有一个是我中学时隔壁班的同学。她来加我的微信，我挺意外的，不过因为她是女生，我便通过了。

第一天，她发了一条面膜广告给我，我报以微笑。

第二天，她又发了一条，我报以微笑。

第三天，她还在发，我仍然报以微笑。

那段时间，她每天都用各种订单截图、各种打款记录、各种手袋晒着自己的生意有多么红火。后来我才知道，原来这种图也是可以用软件修的。

这样循环往复地给我发了大约一星期之后，她说："我创业了，这是我现在在做的产品，作为朋友，你该支持一下我的梦想吧。”

接下来，这句话又成了我每天微信都收到的内容。时间又持续了一周。

后来她终于对我说：“五百元两盒面膜，你又能保养，又能支持朋友，不是一举两得吗？”

“你告诉我，这面膜有什么功能？”

“美白、保湿，用过以后脸就跟鸡蛋剥了壳一样。”

“我跟你视频一下，想看看你用过的效果哈。”

她显然没有料到，因此没有给我回复，我猜想她一定一时间不知道如何是好了。

两个月后，我有一个朋友跟我说：“她在某个群里怒骂了你。但你不是第一个被骂的人，不买她产品的都会被她骂。”

我说：“由着她，她有骂我的自由，我有不买的权利。不是每个人都有义务支持她的梦想。”

写到这里，我不排除有些人已经给我打上了否定的标签。可在生活中，我一直觉得善良有度、关爱有度才是一个对人对己都有利的原则。一个人如果没有显赫的家境，没有花不完的钱，他自然也就没有“散财”的习惯。有一点钱，会很珍惜，时常要考虑怎么用，从不敢随意挥霍。至于支持别人的梦想，也只能尽力而为。

在《中国好声音》中，汪峰总爱问参赛选手的一句话是：“你有什么梦想？”这话激励了不少正走在路上的追梦人。他们始终记得自己的梦想，他们获得导师认同的“转身”，都是自己一字一句唱出来的。

生活中也一样。你是他们需要的，有人便愿意为你培土；你是他们放弃的，这一路便没有人与你同行。

人来人往，万家灯火，你总要找到那条能够让自己回家的路。如果等别人来救援，你根本不知道别人会带你到哪里。

未来路远，夜黑风高，愿你为自己筑一条坚实的路，哪怕一个人，也能走得心安理得。

你可以希望像个孩子，但不该永远是个孩子

希望自己永远像个孩子一样，从个人的愿望来说，并没有什么不对。惰性使然，人天生喜欢依赖，喜欢被保护，希望有一个臂膀可以依靠，这样，就会少去许多不安。

前两日，王小姐更新了一条微博，内容很文青：我多想像个孩子，可以永远吃了睡，睡了吃，永远没有烦恼地笑，没有烦恼地哭。可是，不可以，我不得不去社会看别人的脸色。这肮脏的一切。

我在下面回了一句：亲，工作找好了吗？

没多久，她就把这条微博删了。

王小姐是我的一个远房表妹，她毕业后没有工作，也不去找工作，每天起床后，就开始无聊地刷微博、玩电脑。表妹家的经济条件不错，但她母亲总是为她担心："年纪轻轻的，该出去工作才是。"而逢年过节她说起自己赋闲在家，也振振有词："我不适应社会，我只想当个小孩。"

当个小孩，真是个美好的梦想。我想起大学时职业规划课上，老师问班上的一个女生："你毕业了想做什么工作？"她说："待在家。"老师问："待在家做什么？"她说："再说，我还小。"于是，就这样，一直到毕业后的第三年，我碰到她的时候，她真的还待在家。我说："你打算什么时候找个工作呢？"她说："为什么要去工作，你工作开心吗？我情愿在家里当个小孩，这样永远不会不开心。"

我曾经在某个年纪，也常说"多想永远像个孩子"这类的话，仿佛已经看穿了世间的一切。后来才发现，这不过是自己懦弱的挡箭牌和懒惰的借口而已。似乎只要永远是个孩子，就可以忘记成长，任性为之，然后逃避社会上的一切。

我的闺密钱小姐在美国，她说，中国孩子的独立性普遍太差，父母从小包办孩子的一切，给他们带来的思想负担太重，以至于到美国后，很大一部分留学生无法适应生活，整天哭哭啼啼的。

钱小姐二十四岁时去美国读研究生，她告诉我，所有去那里的中国留学生，经济上都会有家庭的支援。少则学费，多则生活费加学费。相较而言，国外的孩子很辛苦，因为他们很早就得学会独立。你永远不会想到，即便家里再有钱的孩子也要靠自己打工赚取学费，有时候甚至是一个人同时打三份工，还要挑灯夜读以保证学习不掉队。所以他们毕业后找工作，简历上永远有那么精彩的经历，永远有那么强的适应能力。而许多中国学生，不得不打道回府。因为回到家，他们就不必像个大人，甚至他们未来的路都已铺好，还会有人扶着他们前行。

我不该用以偏概全的方式来说中国孩子不好，但中国的“巨婴”现象太严重了，很多人直到参加工作，直到自己成为父母，都没有“断奶”，不光是经济上，在精神上也没有基本的生存能力。有些年轻人甚至不知道该如何做菜、如何生火。我的父亲去人才市场招聘职工，发现有些大学生来应聘，竟然是自己的家长陪着来的。他们的工作简历也需要家长来拿，自己则躲在后面，生怕被人看到一样。父亲说："这样的学生看一眼就记住了，绝对不让他进入下一轮，谁的单位愿意要一个没断奶的孩子？"

希望自己永远像个孩子一样，从个人的愿望来说，并没有什么不对。惰性使然，人天生喜欢依赖，喜欢被保护，希望有一个臂膀可以依靠，这样，就会少去许多不安。可是，像个孩子一样并不等于到了该成人的时候，依旧没有成人的样子，我们不是陶渊明、不是庄子、不是寒山，我们不可能去过世外桃源的日子。即便是他们，也并没有一开始就过上超脱尘世的日子，他们也曾在社会上走过，也是把自己变成一个大人了，才去过超然的日子。

时间是很无情的。我想起前些年的自己，才不过二十岁，转眼间都快三十了。我还可以像个孩子吗？我可以偶尔在父母面前任性，偶尔打一个电话和父母撒娇，偶尔跟父母开一个小孩子开的玩笑，但我已成了一个独立的、自由的，至少是不依赖父母的个体。因为父母的两鬓总会斑白，而自己的年龄也不允许自己再是个孩子了。

每一个努力的人，都值得被尊重

多少优秀又努力的人，最终都没能成为英雄，那他们该如何面对人生呢？

小圈子的同学会就是一堵密不透风的墙，永远是那六个人，别人谁也进不来，我们谁也不会出去。大家从学生时代一起走来，直到现在，也许是因为看着彼此长大的，即使是走向社会了，也不会把之后学到的“拜高踩低”“同类合并、异类出局”的潜规则用在彼此身上。

有一天，我们又一次组织聚会，一个同学还没来，我们就都在门口等，意思是彼此依旧保持着友爱，谁也不能落下谁。

胡先生就是最后到同学会现场的那一个，他开着一辆面包车，飞快地驶过来，一踩刹车，整个车子使劲地往前晃了一下。他并没有迟到，但看得出来，是急匆匆赶来的。

“不好意思，来晚了。”胡先生露出一颗满头大汗的脑袋，腾腾的热气从车里冒出来，他的汗水一直滴到了车外。后排的座位上有许多快递邮包，整整齐齐地叠放在那里，还有个灌着半瓶水的可乐瓶，扭曲地躺在那里。

我与胡先生相识还是十七岁的时候，坐在教室最后排的我们，因为游离在老师的视线之外，所以隐约中就有了一个小团体的概念。班级的小团体并不会有拉帮结派的恶意，只有彼此臭味相投的志趣。何止是我们，班级里每一个区域都有一个小团体，不过是有些存在的时间长，有些早早就散场罢了。我们六个人时常同进同出地做一些事，吃饭、跑步、做广播操、看演出，像一辆永不脱节的火车轰隆隆地跑来跑去。

胡先生是个内向且很努力的人，我几乎可以不假思索地判定，他不仅是我们六个人中最努力的，也是我活了三十年见过的最认真的人。

上学那会儿，每天早上，他都是第一个到教室的人，门未开，我们老远就看到他在门口低着头读课文，一动不动，从不抬头。他的影子小小地立在铁门前，保安大叔从楼下望望是他，就走开了。后来，我偶尔被保安大叔问到是哪个班的，我只要说出自己的班级，他就会脱口而出："每天最早到校的男生班里的。"

这种认真劲儿是深入到胡先生骨子里的，并且始终如一。虽然，他所付出的一切并没有让他的成绩变优秀，他的分数每次也都是普通水平，普通到就连老师夸奖勤奋的学生时也永远不会提到他。他从来不拖延，也从来不抄别人的作业，就算来不及，也由着它们空在那里。每次错题被订正后，他都会再在试卷上写一遍，然后把它们誊在错题集上。有一次，一个同学在他面前冷冷地说："读书哪是靠努力的，明明是靠天赋。"他没有抬头，面色不变，自顾自继续写。考前特别忙碌，许多人都开始怠慢，用背诵代替抄写，下了夜自习就作鸟兽散，可他依然坐在教室里，一个一个地抄写，等到熄灯时间到了，才一个人打着手电筒回宿舍。

我私下暗示过胡先生放弃这种努力：其实进步空间也未必很大，平平稳稳永远二十五名，也挺好呢！

上了大学，我们去他的学校找他，他约见我们的地点总在图书馆楼下，每次都见他拎着一堆书出来，左手一袋右手一袋。翻看他的书，写在上面的是满满的笔记，其中还有许多个人体会，简直如同教科书。他也去参加社会实践，听人说，他每周末都会在超市门口帮人搬货物、清点、装货，每天工作收入只有五十元。他还参加征文大赛、模拟公务员大赛、模拟考研，每次都查资料、搜题目、通宵达旦地准备，但他从来都不愿意说结果，因为每次都没有得到名次，很没劲。

也许真的存在那样一条规律吧，你的身边总有一个格外努力又十分普通的人，胡先生自始至终能写进简历的成绩只有寥寥几笔。

毕业那年，胡先生没有考上研究生，也没有走进编制。毕业那天，甚至连工作都没找到，他每天驮着二十份简历，一家一家地投，一家一家地面试，最后只有一家广告公司的老板要了他，月薪一千二百元。其实，那根本算不上是广告公司，我去他单位找过他。一间十五平方米的小屋，就是他们整个公司的办公规模，老板是一个五十岁出头的老头儿，戴着厚厚的眼镜，手里不停地敲打着计算器，即使这样也总是出错。除了老板之外，还有一个刚高中毕业的女孩，在设计工作室学了两个月就来上班了，说到底，就是一家集文印和简单绘图工作于一体的小店。胡先生进去之后，每天的工作就是搬纸、绘图、打印、复印。他依旧很认真，每天第一个到单位，最后一个离开，为着一千二百元的工资，时常加班到晚上十点，周末也很少休息。一次，南方大雪，路滑，公交车都停开了，胡先生从家里走了一个小时走到单位，照常上班。一次，我跟他老板说："有了小胡，你真是赚到了。"老板点点头："是啊，准备给他加工资呢！"虽然直到最后他也没有给加。

很遗憾，胡先生失业了。因为生意惨淡，老板决定关门歇业。为了表示歉意，老板在补发工资后，又多给了他一千元。

后来，胡先生说，失业那天有个算命师一直追着他说："你马上要发达了，你真的马上要发达了，你在家等着就好。"胡先生笑了，心想：刚失业呢，还真得在家待着了。但他不想说，他只想早点找到工作。

胡先生现在的职业是快递员，他已经干了一段时间了，每天六点钟起床去公司收货，上午送货外加去客户那里收货，中午草草吃个午饭，下午继续送货、收货，晚上八点，把所有货物整理好送到公司。第一个月胡先生很高兴，因为拿了五千元的工资，可他瘦了整整五斤。

我们聚会的席间，老胡的手机不断有客户的电话打来，一刻都没有停下，他一边仔细地记录着客户的地址和电话，一边一脸抱歉地面对着我们。他不说话，微笑地看着我们，与我们碰杯，然后再微笑，一如之前的腼腆。

很快，他的脸就涨得通红，最后竟然哭了起来："你说，我那么努力，为什么总那么失败？是命嘛，是命嘛！"说完，滚倒在地。

原本该高兴且嬉闹的一场聚会，一下子转变了方向。那一刻，我们都是手足无措的，大家纷纷去扶他，有人抱着他，安慰他。

英雄毕竟是少数的，努力的人却一直都没成功，这看起来确实很不公平。可多少优秀又努力的人，最终都没能成为英雄，那他们该如何面对人生呢？

其实，我们在说这些话的时候，也是想到了我们自己，多少次我们为了一件事费尽全部力气，最后却一无所成。不知道怪谁，只能抱头痛哭。可是下一次呢，又会如飞蛾扑火一般地冲上去，只为了成功。**毕竟，不努力永远不会成功，而努力了，就有成**

功的希望。

饭后，我先生开着车带着胡先生去送快递。先生回来后说，胡先生为了省钱，把车子的空调卸掉了，难怪满头大汗。他的车子里有一大箱面包，都过期了，胡先生还在吃。他是那么地尽职，哪怕今天聚会，他也没忘把每一件快递都送上楼去，确保无虞。

我震惊地听完先生的描述，眼泪在眼眶里打转，我不知道自己泛起的同情心合不合适，但我想起一句话：每一个努力生活的人，都值得被尊敬。

我下意识地打开他的微信，他的签名还是原来的那一句：生活总会好起来。

后半辈子你要追随自己

被时间所逼，被生活所迫，我们是刀俎，也是鱼肉。其实，最终的决定权还是在于自己。

我有一个忘年交，她四十五岁那年，从领导岗位上退了下来，变成了一个最普通的员工。她没有辞职，但是，她想要自己的时间，比如休息日，比如不用加班的晚上，比如做自己喜欢的事——写小说。她是一个很爱读书的女人，光是她的书单，就足以让我瞠目结舌，但她说，这都是她工作之前和四十五岁之后读的书。

从前，她所有的时间和精力都用在了不断上升的权力阶梯上，所有的文采都用在了公文写作上，就连陪女儿练钢琴的时间，她都用来写讲话稿了。可是时间一长，她就渐渐疲倦了。她说，她在二十五岁到三十五岁之间，去得最多的地方是婚宴，可在她三十五岁后，去得最多的地方是殡仪馆，送别自己的亲人，送别自己的朋友，或是朋友的父母。这让她感到生命是如此短暂，不过在一星一尘之间就灰飞烟灭了。**她想在自己还有力气读书，有力气写小说的时候，读一些自己喜欢的书，写一些自己喜欢的小说。所以，她放弃了晋升的机会，像个小姑娘一样，从头开始追求自己的梦想。**

许多时候，我们会忘记初心，也许是因为时间，也许是因为生活，当然，更多的可能是因为自己不知所措。被时间所逼，被生活所迫，我们是刀俎，也是鱼肉。其实，最终的决定权还是在于自己。

当然我不是由此蛊惑人去做疯狂的事，或成为疯狂的人，就像我并不赞同那些羽翼未丰的年轻人随便就辞职，拿着父母的钱去徒步旅行。

把自己还给自己，是人生最重要的一件事。年轻人其实都该懂得一个道理——一边赚钱，一边实现梦想。我在澳洲街头，见过一个年轻的艺术家，他在一家企业工作，但他很爱画画，于是每逢休息日，就在街头给人画肖像，价钱自便。我问："你不辞职，专职画画吗？"他说，他觉得自己还没有能力成为一个职业的画家，但他可以用绘画来让自己感到愉悦。这样便好。

二十多岁的时候，我的姑父还是一个钢铁厂里的机修工人。钢铁厂是国企，也就是曾经的铁饭碗。可是，他并不喜欢朝九晚五的工作，对于那些在车间里与机器打交道的活更是提不起兴趣。我姑母刚嫁给他的时候，他喜欢在夜里躲到书房里画油画、练书法，一个人不亦乐乎。后来，渐渐有人来求购姑父的画。接着，就着爱好，姑父辞职学起了设计。姑父辞职后，姑母哭着来和奶奶说："这还怎么过日子啊！爱好可以当饭吃吗？"奶奶是个开明人，和姑母说："两夫妻在一起，互相支持才是最重要的。"

因为绘画和书法的底子，姑父的设计自然学得比别人都快一些。没多久，姑父开起了设计公司，赚了钱，买了车，买了房，成了那年头少有的百万富翁。

可是，姑父很快萌生了退意。四十多岁的时候，他就决心把店关掉。他说自己工作了半辈子，一直都在用爱好赚钱，把爱好当作爱好的时候，感觉很轻松也很有热情，可爱好变成职业之后，感觉很辛苦又很疲倦。他就这样关了公司，又开始像年轻时一样，每天关在房间里画油画、写书法。

和二十年前执意下海自己干一样，姑父谢绝了一个企业设计顾问的职位邀请，每天蘸着墨汁，一幅一幅地临帖写字。累了，就拿出油画棒画画。许多人不理解他为什么在最辉煌的时候急流勇退，他说："终于有机会做自己想做的事了。"

若干天前看到荣格的一句话：你生命的前半辈子或许属于别人，活在别人的认为里。那把后半辈子还给你自己，去追随你内在的声音。

我时常在想，多少人在垂垂老矣的时候，后悔很多事自己原本可以做却没有做成，终究将那些热爱的事埋没在浩瀚的时间之中，付诸东流。

如果前半生我们无法做自己想做的事，后半生请努力追随自己。

所有无法自拔地陷入痛苦都是因为心甘情愿

世界上扮演他人拯救者的人太多了，却都没有办法拯救自己。

卓别林得抑郁症的时候问医生："你能不能治好我的抑郁症？"

医生说："你为什么不去看小丑表演呢？保证让你开怀大笑。"

卓别林说："不用了，我就是一个小丑。"

医生很诧异，无言以对。

我们总是以为给别人带来快乐的人，自己一定很快乐；给别人带来安慰的人，一定对人生看得很淡；给别人熬心灵鸡汤的人，自己已经喝尽了鸡汤。然而，事实是许多人变成当事人后，即使用尽了全身的力气也换不回对自己的一个拥抱。

我的一个朋友是心理咨询师，他曾经说“在失恋这件事上，没有过不去的坎，只有不愿跨过去的人”。当然，在他那里，我也听他说过他拯救过无数失恋男女，虽然大多为情所伤，但后来都走出了失恋期，又大踏步地走向另一段爱情。

可一年前，他放弃了这个职业，因为那一年，他与未婚妻在结婚前一个月分手了。对此他无法释怀，服用了大量的安眠药，差点丢了性命。我去看他的时候，都不知道如何与他对话。他早就与当初那个侃侃而谈，仿佛对爱情风轻云淡、对生活热爱无比的男人判若两人。

后来，他说自己看过心理医生，发现那些心理医生对他说的话和他原来给别人咨询时说的话几乎是相同的，而能抵达他内心深处的劝慰一直没有出现。他花了好几个月才从这件事里走出来，比起那些被自己安慰的人，他走出困顿的速度实在是慢了好多。

世界上扮演他人拯救者的人太多了，却都没有办法拯救自己。好莱坞笑星罗宾·威廉姆斯自杀了，这个伟大的喜剧演员也是重度的抑郁症患者，他曾经有一句话：“**我不认为我是一个快乐的**

人，我只是努力想让别人快乐。因为我觉得这样我自己可能会快乐。”而在那部电影《机器管家》里，他也有一句话：**“我没有泪腺，不能用流泪来发泄内心的悲伤，你知道这是多么痛苦吗？”**

习惯了被别人定义为某个角色的我们，如果做得好，就会被认为是自己人生的好主角。殊不知，很多人除了他的社会角色以外，还有一个角色是只面对自己的，那是他留给自己的净土。

有一句话叫作“旁观者清，当局者迷”，处于旁观者位置的时候，我们可以清晰地看出事情的始末端倪，可以指点江山出谋划策；可当我们自己身陷囹圄的时候，所有的一切扑面而来，突然发现说服自己是那么艰难。

黄佟佟老师在微博里说：就算是专注熬制鸡汤二十年的我，对于大多数人的生活困境也依然望洋兴叹。

如果没有自我的觉察，他人的一切拯救皆是徒劳。有些人总说，要有一颗强大的内心，有些事你不想就好了，有些事过去就好了，有些事你当它没发生就好了。可是，如果一切都那么简单，何来那么多受伤的人无法自拔。

世间最难以处理的糊涂事便是自己碰上自己的事，请一定要努力学会开解自己，让自己从痛苦中尽快走出来，因为最难安慰的是自己，一切心结都只能靠自己去化解。

做一个沉默的低头赶路人

浅薄的人说梦想的时候，踏实的人已经实现梦想了。

四年前，我入职培训，班上有个小个子的姑娘一直安静地坐在角落里。她很少发言，也极少表现，很多时候她只是听课，然后低头做笔记。她是唯一一个天天到图书馆报到的姑娘。没有人会关注这个不起眼的女孩，其他二十四五岁的男生女生都沉醉在初识朋友的兴奋中，然后成群结队地出去聚餐。

结业考试的时候，最高分获得者是她，连老师都说，这是一个意外的惊喜。她穿着职业装，淡然自若，但字字句句的演讲铿锵有力，让我们瞬间沦为她的观众，让我们自惭形秽。她演讲的最后一句话是："我想，在梦想的路上，我会做一个低头的赶路人。"

年少的时候，我们总喜欢谈理想，因为还没有长大，觉得人生还有一条长长的路可以通向远方。假如有一天你去问年少的孩子，他们未来的理想是什么，他们肯定会告诉你：我要得诺贝尔奖，我要当联合国秘书长，我要当作家，我要成为飞行员。可年少的我们根本体会不了梦想的重量，只是随口一说，并没有真的为之努力。长大之后才发现，梦想还在嘴边，可梦想的一切早就已灰飞烟灭。到最后，理想是该坚持还是该放下，成为一个无解之题。

现实总是残酷的，你坚持梦想都不一定能成功，更别提犹豫不决了。**一切的犹豫不决和不知所措都是惰性使然。**

有些人因为害怕失败便把梦想一头抛下，有些人的梦想如同海市蜃楼，永远美好又永远实现不了。

他们都是在梦中坚持了很久，在现实中却裹足不前。

十年前，我去过一个北漂好友住的地下室，她抽着烟告诉我，她想成为最好的音乐人。当时，我只看到琴上有灰，曲谱都已有折皱，地上有一堆的烟蒂，发霉的气味一直存留在我的记忆里，挥之不去。连续十天，我每次去找她，她都在蒙头大睡。每次只在吃饭的间隙，她才生龙活虎地谈着她的梦想——比如以后想签约某公司，以后想与某某某合作。

十年后的今天，她依旧没有走出她的地下室，有的只是越来越大的烟瘾和越来越发福的身材。她白天睡觉，晚上便去泡吧。她办了很多的信用卡，债台高筑。她还是偶尔提及她的梦想，只是梦想依然清晰可见，路却越来越远。

有一首诗歌是这样写的：我不去想是否能够成功 ，既然选择了远方 ，便只顾风雨兼程。

在成功越来越具有不确定性的今天，我们看到偶然成功的同龄人，总会害怕被甩在身后，内心常常感到焦虑不安。梦想似乎近在咫尺又遥不可及。

我们害怕自己成为玻璃瓶里的苍蝇，看得到远方却飞不出禁锢我们的天地，以为前途一片光明，到最后却一无所获。在颠沛流离的生活面前，我们总想放弃脚下蹒跚的每一步，渴望一步便能跃上天堂。

可是，我们的梦想总是需要修炼的，只有稳步地推动它，才能一步一步地去实现它。即使我们为此付出了应有的努力，即使我们也不知道哪一刻会成功，可是我们要懂得，如果不努力，成功的那一刻就永远不会来临。

我表妹在加州大学读研究生时，有一天夜里给我发了一条微信：这里的图书馆是没有夜晚的，每个人都在低着头看书，这里没有疲倦的皮囊，只有一双双盯着电脑做项目、写作业的眼睛。他们不分昼夜地面对着自己的空乏。

她去美国之前，还只是个小姑娘，那时她手机里下载的是流行歌曲，如今早就换成了一大段一大段的英文；她的博客上，不再是肤浅的自拍照和大篇大篇的心灵鸡汤文，而是那些与专业息息相关的资料和业外人士不认识的专业术语。

我在绿妖作品的书封上看到过一段文字：我们虽不在同一个地方，却同样走过心灵的夜路。路遥远，青春被现实甩干脱水，甩掉不切实际的行李，甩掉脂肪，有人得抑郁症，有人自杀，但大部分年轻人不再把梦想挂在嘴上，而是沉默地低着头大步走路，直到黎明的风吹到脸上。

忽然想起小时候父亲对我说过的话：**浅薄的人说梦想的时候，踏实的人已经实现梦想了。**

父亲很少说话，有的只是低头赶路，他现在是一名还算知名的会计师，踏实如他，也难怪骄傲如他。